钩针编织·棒针编织

萌宝宝的舒适服饰编织

来自妈妈的
最温暖舒适的礼物
0～12个月

日本宝库社　编著

徐　颖　译

U0226638

河南科学技术出版社
·郑州·

目　录

钩针编织

[参考尺寸] 请在编织的时候作为参考。

月龄	身长	体重
0个月	50cm	3kg
3个月	60cm	6kg
6个月	70cm	9kg
12个月	75cm	10kg

棒 针 编 织

棒针编织课堂

1 带粉色小花的披风、帽子、袜子 3 ~ 12个月

外出的时候可以很容易穿戴好的便利披风。

这可是时下最具人气的款式哦。

配套的帽子和袜子也是非常可爱的。

设计：河合真弓

制作：关谷幸子

使用线：和麻纳卡 CUPID

编织方法：41页

2 花片连接可爱婴儿毯　0~

暖洋洋的配色令人产生一种怀念的感觉。
一边想象着即将出世的宝宝，一边将一枚枚的花片连接起来……

设计：冈本启子
制作：矢野晶子
使用线：和麻纳卡 LOVELY BABY
编织方法：50页

3、4 斜门襟马甲 0～6个月

采用长针钩织而成的密实马甲,让人备感温暖。
因为带有可以调节宽度的系绳,所以可以作为从宝宝生下来开始就一直穿着的宝贝。斜门襟的方向是
可以改变的,不论是男宝宝还是女宝宝都很实用哦。

设计: 辻 友子
使用线: 和麻纳卡 CUPID
编织方法: 52页

5 无袖开衫、帽子、手套、袜子 3 ~ 12个月

一点点的小翻领,领口处还带有两粒毛线球纽扣,微微敞开的前门襟真是可爱。
出门前,帽子和其他的小配饰也一起准备好吧。

设计：本间笑子
使用线：和麻纳卡 CUPID
编织方法：45页

6 花边长裙、帽子、袜子 0～6个月

用钩针精心钩织而成的、带花边的套装,非常有淑女风范哟。
在晴朗的日子里,搭配穿着会是很靓丽的风景。

设计:川路由美子
制作:白川 薰
使用线:和麻纳卡 CUPID
编织方法:54页

7 舒适的裙式上衣　3～12个月

与作品6款式基本相同,只是减少了钩织长度,使用了甜蜜的淡粉色线。
因为是中等粗细的柔软毛线,所以穿着舒适,是宝宝们的最爱。

设计:川路由美子
制作:山本智美
使用线:和麻纳卡 CUPID
编织方法:14页(图解教程)

8、9 圆育克宽松上衣、护耳帽 　3 ~ 12个月

大大的下摆和宽宽的袖口,可爱的圆形衣领,这种宽松的上衣,对妈妈们来说是很新鲜、时髦的人气款。穿在身上没有丝毫束缚,最适合会坐和会爬行的宝宝了。

设计：辻 友子
使用线：和麻纳卡 CUPID
编织方法：56页

10、11 条纹花样马甲 3 ~ 12个月

规规矩矩的设计,领口简单的一颗纽扣,简洁中透着细腻的小心思。
因为是柔和温暖的配色,不需要特意搭配服装。作为礼物也会受到欢迎的。

设计:芹泽圭子
制作:石井公惠
使用线:和麻纳卡 CUPID
编织方法:60页

12 蓝色小花边外套 3～12个月

主体采用简单的长针钩织,貌似花朵的边缘增色不少。
胸前斜门襟重叠只用一颗纽扣连接,看起来真是太可爱了。

设计:michiyo
制作:饭岛裕子
使用线:和麻纳卡 PURE WOOL(M)
编织方法:62页

从舒适的裙式上衣入手!

钩针编织是利用钩针挂线、起针进行编织的。
只用1根钩针进行钩织不仅方便,钩织出错的时候又可以简单地拆开,所以很受欢迎。

＊这里虽然针对舒适的裙式上衣进行讲解,但简单增加编织花样B的长度就可以完成作品6

●**密度** 编织花样A:10cm×10cm面积内26针,10.5行
编织花样B:1个花样3cm,10cm内9行
下图为实物大小的织片。可以与自己编织的实物进行比较。

●**成品尺寸**
胸围54cm,肩背宽22cm,衣长36cm,袖长21cm
●**材料和工具**
使用线…和麻纳卡 CUPID
淡粉色(3)150g/4团
纽扣…直径10mm6颗
针…钩针4/0号
其他…缝针、珠针、剪刀
＊"其他"部分为完成作品的必要工具,其他作品的编织方法中没有列出,请提前准备。

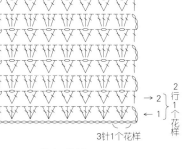

尝试编织
很多人不会贸然开始正式编织,那就先从尝试部分开始练习吧。
此时密度也需要调整。密度就是10cm×10cm的织片中横向有几针,纵向有几行。针数不清的情况下就用1个花样几厘米来表示。如果编织的时候针数和书中标注的有出入,成衣也会出现偏大或偏小的情况。织片边长不足10cm的时候,按5cm内的针数和行数的2倍计算即可。

编织花样符号图的看法
编织花样符号图为织片正面所见。钩针编织是正面、反面都如图所示进行钩织。立针如果位于右侧表示正面钩织行,如果位于左侧则表示反面钩织行。

编织花样A

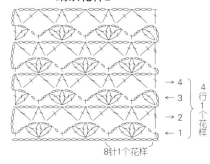

→ 2
← 1
2行1个花样

3针1个花样

编织花样B

→ 4
← 3
→ 2
← 1
4行1个花样

8针1个花样

编织花样A的编织方法

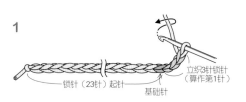

1

起针23针锁针，然后立织3针锁针。

锁针（23针）起针
立织3针锁针（算作第1针）
基础针

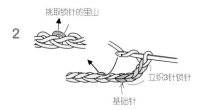

2

跳过基础针左侧的1针，从锁针的里山入针。

挑取锁针的里山
立织3针锁针
基础针

┬ ●长针

3

钩针挂线按照箭头方向拉出。

挂线并拉出

4

钩针挂线，从前2个线圈中拉出。

5

再次挂线，从余下的2个线圈中引拔。

6

1针长针完成。

7

W ●1针放3针长针（从1针里挑针）

从同一锁针里山入针，参照3～6完成第2针长针的钩织。

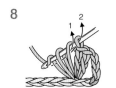

8

重复7，完成第3针长针的钩织。

9

在同一锁针上完成了3针长针。第1行的1个编织花样完成。

10

跳过2针锁针，挑取锁针里山重复3～9。

W ●1针放3针长针（整段挑起）

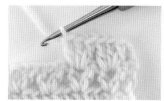

将上1行的锁针全部挑起后钩织1针放3针长针。

编织花样B的编织方法

+ ●短针

1

起针25针锁针，然后立织1针锁针。

锁针（25针）起针
立织1针锁针

2

从立织锁针左侧的第1针的里山入针，挂线并拉出。

3

再次挂线从2个线圈中一次性引拔。

4

1针短针完成。

5

○ ●2针长针的枣形针

钩织1针锁针。钩针挂线，跳过3针锁针，从锁针里山入针。

1针锁针

6

钩针挂线拉出，再次挂线从前2个线圈中一次性引拔。

7

未完成的长针钩织完成。

8

在同一位置，参照5～7再钩织1针未完成的长针，然后挂线从3个线圈中一次性引拔。

9

2针长针的枣形针完成。

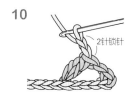

10

钩织2针锁针。

2针锁针

重复5～10 2次，第1行的1个编织花样完成。

A ●2针长针并1针

整段挑起上1行的锁针后钩织2针长针并1针。

15

后身片钩织

68针锁针起针，立织1针锁针后钩织2行短针。从第3行开始，立织3针锁针，按照编织花样A钩织。袖窿处的第1行渡线减针6针，编织终点再留下6针只剩56针，之后整体钩织12行。左、右肩部分别如图所示钩织，留线30cm左右备用。编织花样B是挑起起针针目余下的2根线钩织，如图所示整体钩织20行。

短针的编织方法

1

68针锁针起针之后，立织1针锁针。

2

从立织锁针左侧的第1针的里山入针，挂线拉出。

3

再次挂线从针上的2个线圈中一次性引拔。短针完成。

4

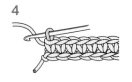

之后继续从锁针的里山入针钩织，直至第1行结束。

5

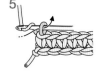

立织1针锁针。

6

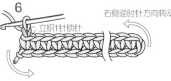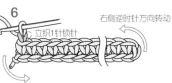

右侧逆时针方向转动，之后改用左手拿织片。

7

钩针挑起上1行右侧短针头部的2根线，钩织短针。

8

1针短针完成。下1针同样挑起2根线钩织。

9

钩至最左端同样是挑起上1行针目头部的2根线钩织。

10

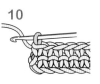

第2行钩织结束。

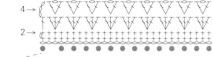

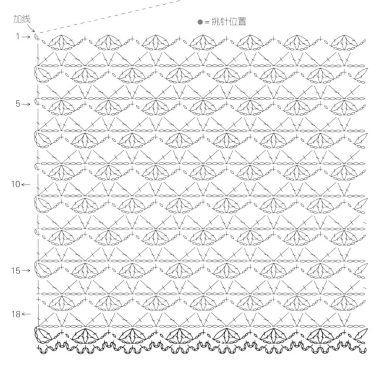

● = 挑针位置

渡线的方法

遇到减针等情况时，不剪断线，而是打一个结后渡线。

1 挑大钩针上的针目，将整团毛线从其中穿过。

2 拉线收紧。

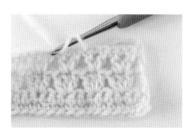

3 翻到反面渡线过来，钩织引拔针。

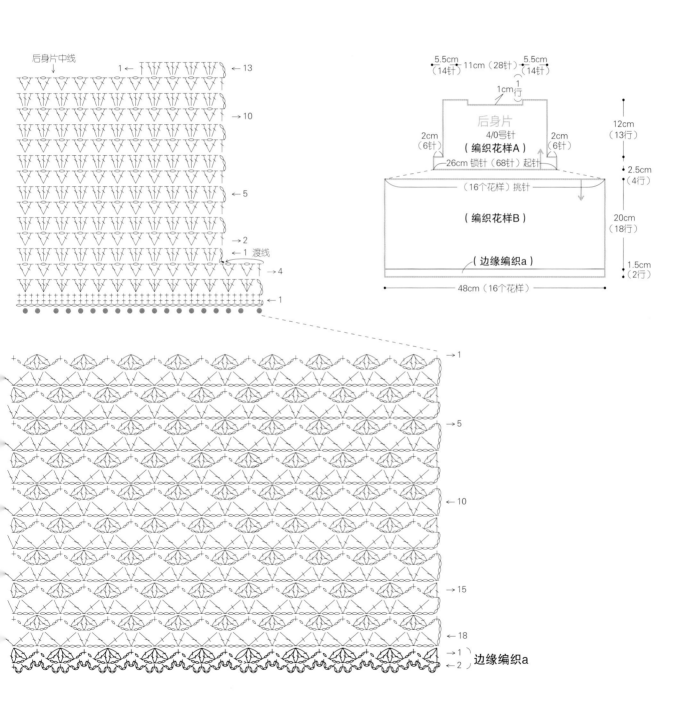

后身片中线

←13

→10

←5

→2

→1 渡线

→4

←1

←1

→5

←10

←15

←18

←1
←2 边缘编织a

5.5cm（14针） 11cm（28针） 5.5cm（14针）

1cm 1行

后身片
4/0号针
（编织花样A）

2cm（6针）   2cm（6针）

26cm 锁针（68针）起针

（16个花样）挑针

（编织花样B）

（边缘编织a）

48cm（16个花样）

12cm（13行）

2.5cm（4行）

20cm（18行）

1.5cm（2行）

右前身片、左前身片钩织

因为和后身片钩织要领相同，所以会比想象中更早完成。衣领、前门襟的边缘编织在后身片、右前身片、左前身片钩织结束，肩部、衣袖、胁都缝合完成之后才开始钩织。35针锁针起针后，开始钩织。袖窿的钩织要领和后身片相同，领窝需要减针。编织花样B从起针针目挑针，整体钩织20行。

领窝的钩织方法（右前身片第1行）

1 用中长针代替长针。

2 接下来钩织1针锁针，再钩织短针。

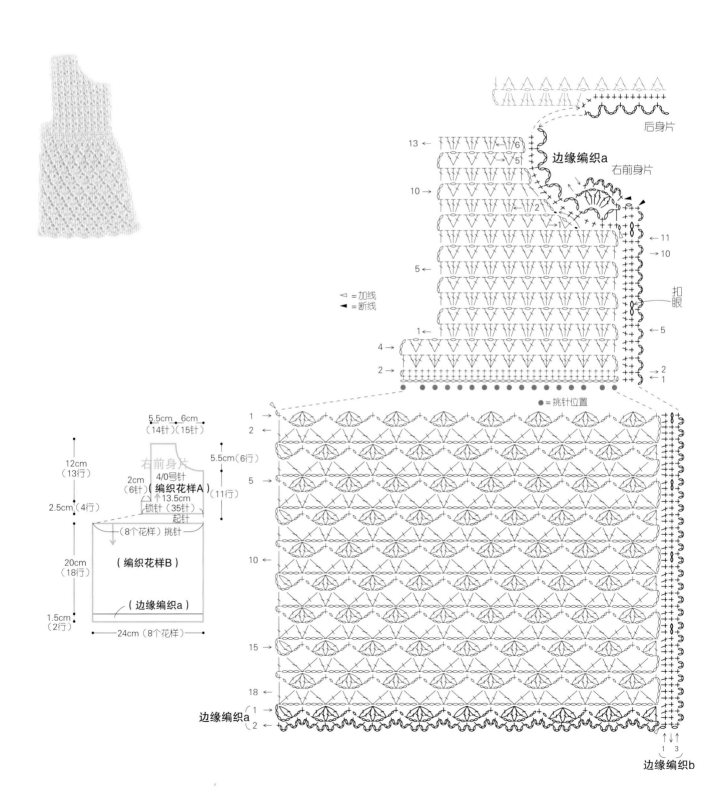

右前身片

后身片

边缘编织a

右前身片

扣眼

◁ = 加线
◀ = 断线

● = 挑针位置

边缘编织b

尺寸图（左下）：

5.5cm（14针） 6cm（15针）

12cm（13行）

右前身片
4/0号针
2cm（6针）（编织花样A）
↑13.5cm（11行）
锁针（35针）
起针
5.5cm（6行）

2.5cm（4行）

（8个花样）挑针

（编织花样B）

20cm（18行）

（边缘编织a）

1.5cm（2行）

24cm（8个花样）

边缘编织a

3 钩织引拔针。用钩针将线圈拉大，将线团穿过线圈后收紧。

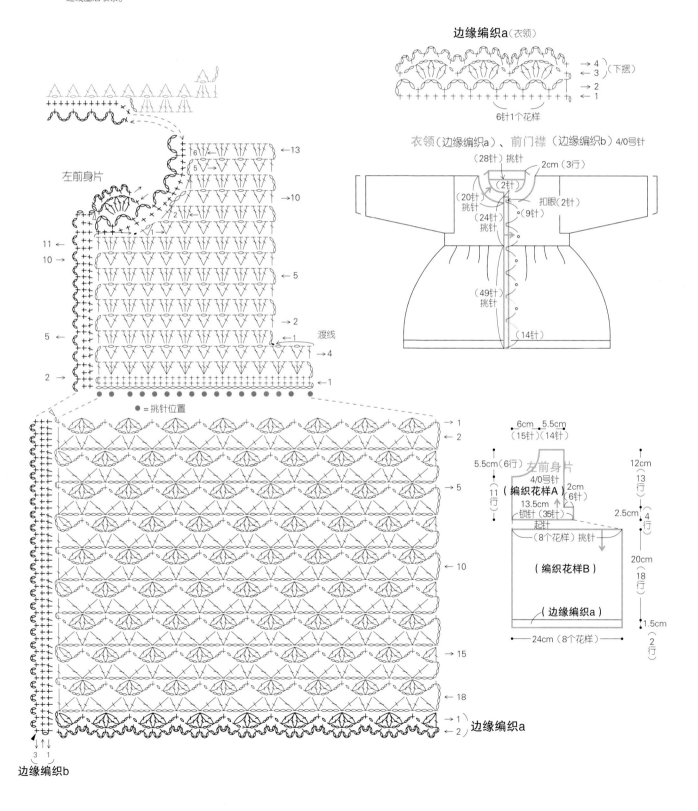

边缘编织a（衣领）

→4
→3 （下摆）
→2
←1

6针1个花样

衣领（边缘编织a）、前门襟（边缘编织b）4/0号针

（28针）挑针
2cm（3行）
（2针）
扣眼（2针）
（20针）挑针
（9针）
（24针）挑针
（49针）挑针
（14针）

左前身片

←13
5
←10
11←
10←
←5
→2
←1 渡线
→4
5←
2←

● = 挑针位置

→1
→2
→5
→10
→15
→18
←1
←2 边缘编织a

边缘编织b
3↓↑1

6cm 5.5cm
（15针）（14针）
5.5cm（6行）
左前身片
4/0号针
11行
（编织花样A）
2cm（6行）
13.5cm
锁针（35针）
起针
（8个花样）挑针
（编织花样B）
（边缘编织a）
24cm（8个花样）

12cm
13行
2.5cm 4行
20cm
18行
1.5cm（2行）

19

钩织2片衣袖

钩织2片同样的衣袖织片。44针锁针起针，立织3针锁针后开始钩编织花样A。两端参照图示加针。立织的锁针在下1行钩织的时候，针目分开挑针。

边缘编织a'（袖口）

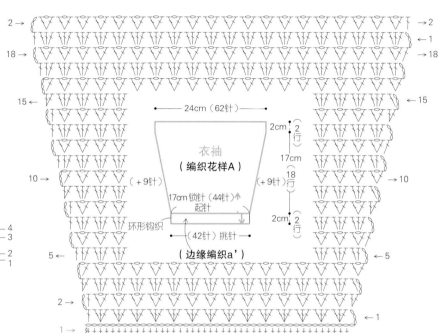

将织片连接起来完成作品

后身片、右前身片、左前身片、衣袖（2片）都钩织完成之后，将各织片缝合连接，再进行边缘编织，缝上纽扣，作品即大功告成！
按照下面的顺序，仔细操作。

缝合肩部 ●卷针钉缝

后身片和前身片的肩部正面向上，上下对齐，用后身片余下的线将两片卷针钉缝。

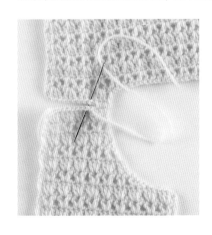

1

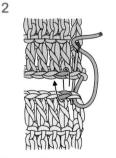

同时挑起头部的2根线

2片正面向上，上下对齐。分别挑起各自最终行针目头部的2根线。

2

缝针总是按照一个方向（上侧→下侧）入针，一针一针地缝。

3

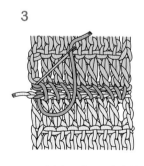

终点处在相同位置重复穿针1或2次。

将衣袖缝合到身片上

此处的缝合采用针和行钉缝。针和行的挑针方法见下面讲解。

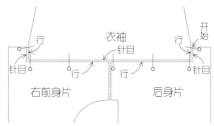

身片的肩线和衣袖袖山的中线对齐。之后身片的袖隆和衣袖的2行不加减针处对齐。用珠针在关键的位置固定织片,然后按照袖隆处针对行、腋下行对针、袖隆处针对行的顺序缝合。

●挑针钉缝(针对针的缝合)

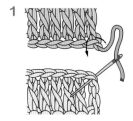

1 2片正面对齐拿好。在最终行针目的头部入针。

2 分别挑起上侧织片1针,下侧织片半针和下1针的半针进行缝合。

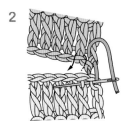

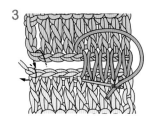

3 拉紧缝线至看不见,终点处在相同位置重复穿针1或2次。

●挑针接缝(行对行的缝合)

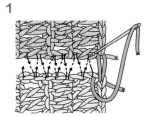

1 2片正面对齐拿好。边端针目分开入针,交替挑起2根线缝合。

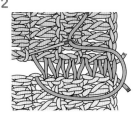

2 因为是在出针处入针,所以每次都需要在相同的位置穿针2次。

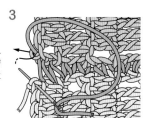

3 拉紧缝线至看不见,终点处在相同位置重复穿针1或2次。

胁、袖下的缝合　●锁针的引拔接缝

胁的缝合分别将前、后身片正面相对对齐,袖下的缝合也是将正面相对对折。胁的缝合是从下摆开始,袖下的缝合是从袖口开始,各自向着腋下的位置接缝。

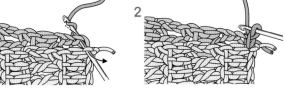

1 将2片织片的正面相对对齐,同时从起针线和锁针中(胁的缝合为最后的短针)入针,挂线拉出。

2 完成1针引拔针。

3 锁针的针数随着下1针距此针的长度而做出相应调整(2或3针)。

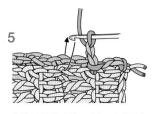

4 以和边端针目相同的方法入针,挂线引拔后牢牢收紧。

5 锁针的针数随着下1针距此针的长度而做出相应调整(2或3针)。

6 缝合结束时再次挂线引拔,将线头拉出来,保留4~5cm剪断多余的线。

然后在衣领、前门襟、袖口处做边缘编织,缝上纽扣

最后线头的处理参见75页,缝纽扣的方法参见39页。

13 婴儿睡裙、睡帽、袜子 0～6个月

采用软绵绵、轻柔柔的中等粗细的婴儿毛线编织而成，可以作为宝宝的第一件盛装。
下摆、衣袖、育克采用蕾丝花样，穿在宝宝身上感觉超可爱的。

设计：川路由美子
制作：白川 薫
使用线：和麻纳卡 LOVELY BABY
编织方法：64页

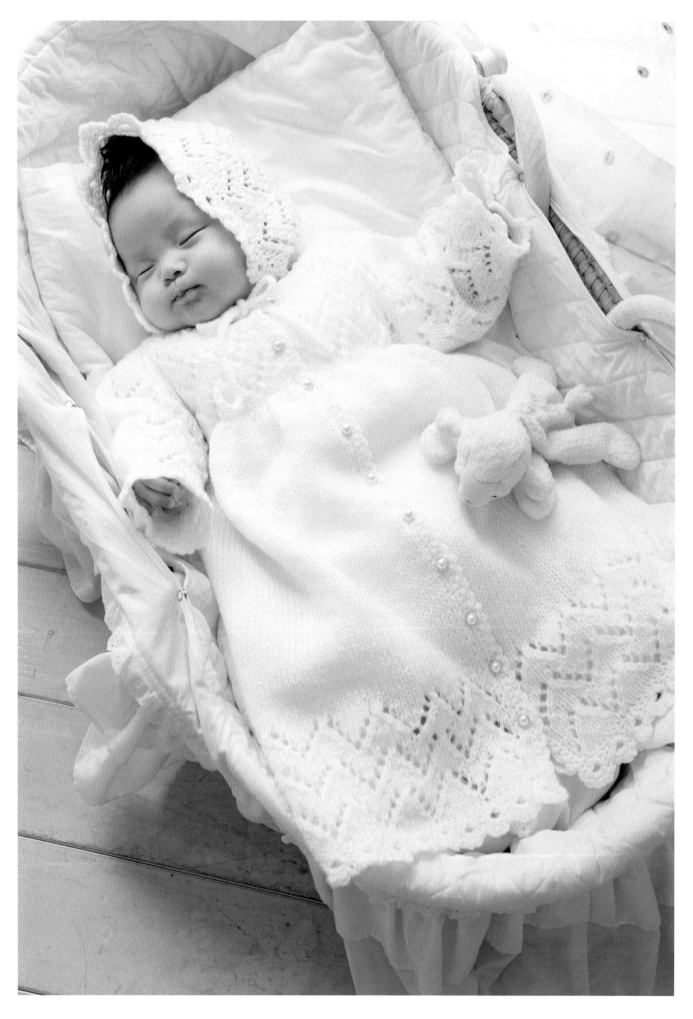

14 婴儿礼服四件套　0 ~ 6个月

用超细线编织而成,是非常优雅的一款礼裙。
宝宝穿上淡雅的礼裙会气质满分哟,也突出了小婴儿的可爱。

设计:河合真弓
制作:吉冈五子
使用线:和麻纳卡 CUPID
编织方法:68页

15 舒适上衣　3 ~ 12个月

缩短作品14婴儿礼裙的长度,再改变衣袖的设计,轻便的舒适上衣完成了。
明快的奶油色,最适合活泼好动的婴儿的笑脸了。

设计：河合真弓
制作：吉冈五子
使用线：和麻纳卡 CUPID
编织方法：32页（图解教程）

16、17 斜门襟系带式马甲及长袖上衣 0～12个月

还不能很好调节体温的婴儿,即使在房间里面也担心他会有一点点冷吧?
这时候就需要一件可以直接抓过来穿在身上的非常方便的衣服。
随着天气渐凉,加上衣袖之后做出的上衣也是一件宝贝哦。

设计:本间笑子
使用线:和麻纳卡 LOVELY BABY
编织方法:74页

18 镂空小花上衣、帽子 0~12个月

插肩袖在减针部分做出通透精致的花样，这款上衣是华丽丽的外出首选哦。
既可作为婴儿礼服，又可作为舒适上衣，可以长时间使用，好开心哦。

设计：河合真弓
制作：关谷幸子
使用线：和麻纳卡 CUPID
编织方法：79页

19 婴儿毯 0~

从诞生的那一天开始,到每天的外出……
总是和宝宝形影不离的就是婴儿毯。即使是作为礼物送给别人,也是令人开心的。
灵活运用下针和上针的凹凸组成图案,柔和的配色也很棒哦。

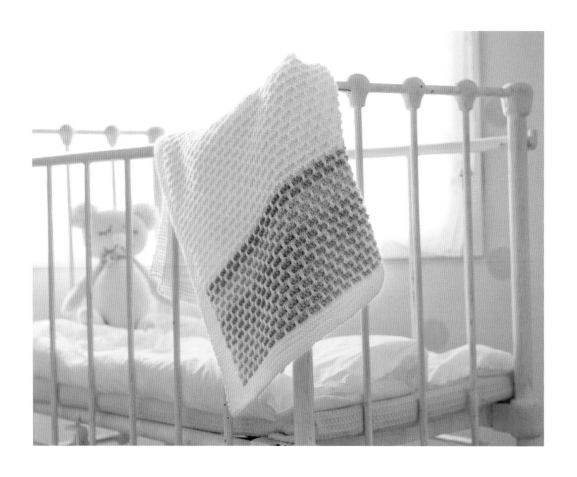

设计:大久保光枝
使用线:和麻纳卡 ORGANIC WOOL FIELD
编织方法:83页

20、21 连体衣、小开衫两件套 6 ~ 12个月

从爬行到扶着东西站立,一刻不停地动来动去,要保护好这个时期的宝宝肚子不会着凉。特意设计了外婆也会安心的这款两件套。超级可爱的连体衣包着宝宝的小屁股。在天气微凉或出门时还可以套上长袖的开衫。

设计: 本间笑子
使用线: 和麻纳卡 LOVELY BABY
编织方法: 84页

22 背带裤、小开衫两件套　6～12个月

带有护胸的背带裤和小开衫的组合。
简洁的款式,最适合活泼好动的男孩子了。

设计:芹泽圭子
使用线:和麻纳卡 LOVELY BABY
编织方法:88页

23 小翻领毛衣 6～12个月

秋冬的必需品。下摆、前门襟的小小饰边非常可爱,是很受女宝宝喜爱的设计。
选择搭配的纽扣,也是手作独有的乐趣。

设计:川路由美子
制作:白川 薫
使用线:和麻纳卡 LOVELY BABY
编织方法:93页

从舒适上衣开始!

棒针编织使用一组棒针从针目中拉线成新的针目,继而织成各种织片。
虽然会有一点辛苦,但对小宝宝来说松软的感觉最舒服了。

*这里针对舒适上衣讲解,增加衣服长度也可以编织成为礼裙

●密度 10cm×10cm面积内:编织花样22针,38行
下图为实物大小织片。
请与自己编织的织片比较。

●成品尺寸
胸围62cm,衣长31.5cm,连肩袖长27cm
●准备材料
使用线…和麻纳卡 CUPID
奶油色(4)120g/3团
纽扣…直径15mm5颗
针…棒针4号、钩针3/0号
其他…缝针、珠针、剪刀
*"其他"部分为作品完成的必要工具。其他作品的编织方法
中没有注明,请提前准备。

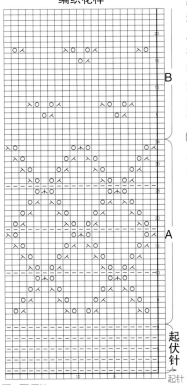

尝试编织与织片大小确认
在正式编织之前,先尝试编织,并对织片大小进行比较。同时
也要清楚密度。密度就是边长10cm的正方形织片横向有几针,
纵向有几行。如果编织过程中和本书中标注的密度有出入,可
能导致作品偏大或者偏小。织片边长不足10cm时请以5cm内
针数、行数的2倍计算。

编织花样

编织花样符号图的看法
编织花样符号图根据
从织片正面所看到的进
行描绘。棒针编织是交
替看着织片正面、反面
编织的。编织正面行时
如图进行编织。编织反
面行时采用反向编织
(符号图中为下针时织
上针,符号图中为上针
时织下针)的方法。

B

A

起
伏
针

起针

□ = ① 下针

编织花样的编织方法

本作品采用下针、上针、挂针、右上2针并1针、左上2针并1针、中上3针并1针组合编织而成。请记住各符号的编织方法。

●手指挂线起针

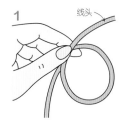 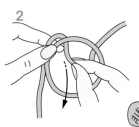 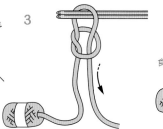 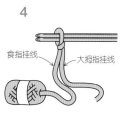 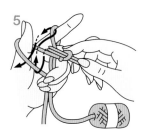

1. 从线头开始,在约为编织宽度3倍的位置绕1个圈。

2. 从圈的下方将线头拉出来。

3. 线圈内穿过2根针,沿线头方向拉紧线圈。

4. 线头挂在左手大拇指上,线团侧的线挂在左手食指上。

5. 针尖如图示方向转动挂线。

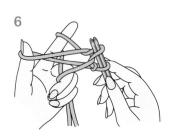 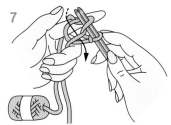 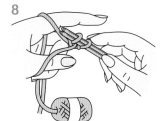 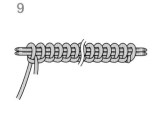

6. 松开大拇指挂的线。

7. 如图示方向插入大拇指,拉紧线圈。

8. 第2针完成。重复5~7以完成需要的针数。

9. 起针行即为第1行,本作品中第1行为反面行。

●下针

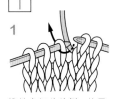 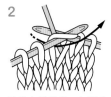 

1. 线放在织片外侧,从里向外入针。

2. 从外向里拉出,如箭头所示。

3. 下针完成。

●上针

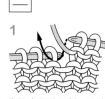 （note: 上针 section）

1. 线放在织片里侧,从外向里入针。

2. 从里向外挂线拉出,如箭头所示。

3. 上针完成。

●起伏针

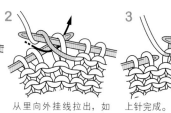 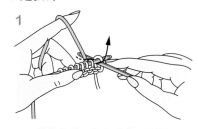  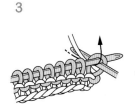 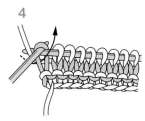

1. 抽掉1根针,第2行看着正面编织,根据符号图编织下针。

2. 从里侧入针,挂线拉出,重复编织下针。

3. 第3行看着反面编织,需要编织与符号图相反的下针。

4. 从里侧入针编织,每行都为下针,编织9行。

●挂针和右上2针并1针

  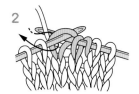  

1. 右棒针挂线,如箭头所示插入左棒针上的针目,将之移至右棒针。

2. 下1针编织下针。

3. 左棒针挑起移到右棒针上的针目盖过2编织的下针。

4. 挂针和右上2针并1针完成。

● 左上2针并1针和挂针

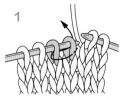

1　如箭头所示右棒针插入左棒针上的2针中。

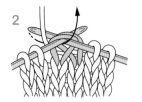

2　挂线，如箭头所示拉出。

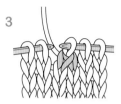

3　左上2针并1针完成。

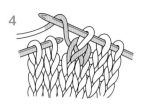

4　针上挂线，继续编织。

● 挂针和中上3针并1针

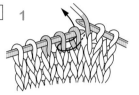

1　针上挂线，如箭头所示插入左棒针上的前2针中，将针目移至右棒针。

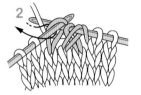

2　第3针编织下针。

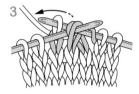

3　左棒针挑起移到右棒针上的2针盖住2编织的下针。

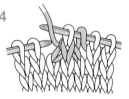

4　挂针和中上3针并1针完成。挂线继续编织。

编织后身片

手指挂线起针83针，胁处织立起边端1针减针，编织70行。插肩线采用伏针和立起边端1针减针进行减针。余下的针目伏针收针。

两胁的编织方法　●立起边端1针减针

右侧

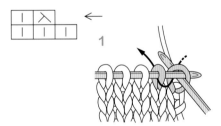

1　边端针目不编织直接移到右棒针上，编织下针。

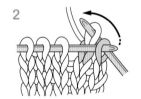

2　左棒针挑起刚才没有编织的针目盖住刚才编织的针目。

3　右上2针并1针的减针完成。

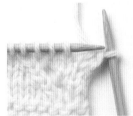

左侧

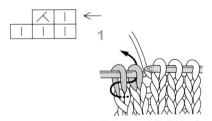

1　如箭头所示，右棒针插入左棒针边端2针中。

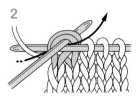

2　2针一起编织。

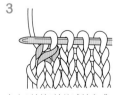

3　左上2针并1针的减针完成。

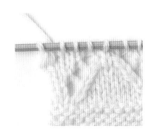

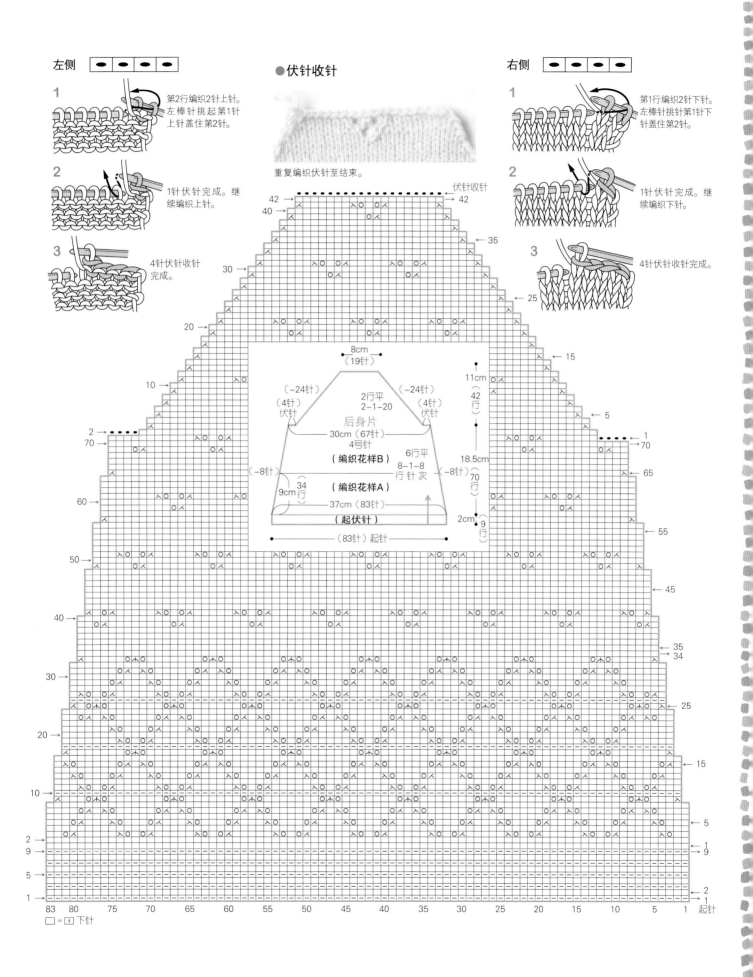

左侧

●伏针收针

右侧

1 第2行编织2针上针。左棒针挑起第1针上针盖住第2针。

2 1针伏针完成。继续编织上针。

3 4针伏针收针完成。

重复编织伏针至结束。

1 第1行编织2针下针。左棒针挑起第1针下针盖住第2针。

2 1针伏针完成。继续编织下针。

3 4针伏针收针完成。

8cm（19针）

（-24针）（4针）伏针　2行平 2-1-20　（-24针）（4针）伏针

11cm（42行）

后身片 30cm（67针）4号针

（编织花样B）

6行平 8-1-8 行针次

18.5cm（70行）

（-8针）　（编织花样A）　（-8针）

9cm（34行）

37cm（83针）

（起伏针）

2cm（9行）

（83针）起针

□ = ｜ 下针

右前身片、左前身片的编织

前身片编织要领和后身片编织要领相同，所以可以比想象中更轻松地完成。手指挂线起针47针。前门襟从下摆继续编织起伏针，左前门襟上的扣眼采用左上2针并1针和挂针完成。胁、插肩线的减针和后身片要领相同。领窝采用2次伏针和立起边端1针减针进行减针。

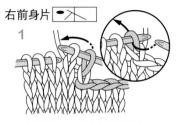

领窝的编织方法　●第2次的伏针

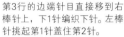

右前身片

1
第3行的边端针目直接移到右棒针上，下1针编织下针。左棒针挑起第1针盖住第2针。

2
下1针编织下针，同样挑起盖过，编织伏针。

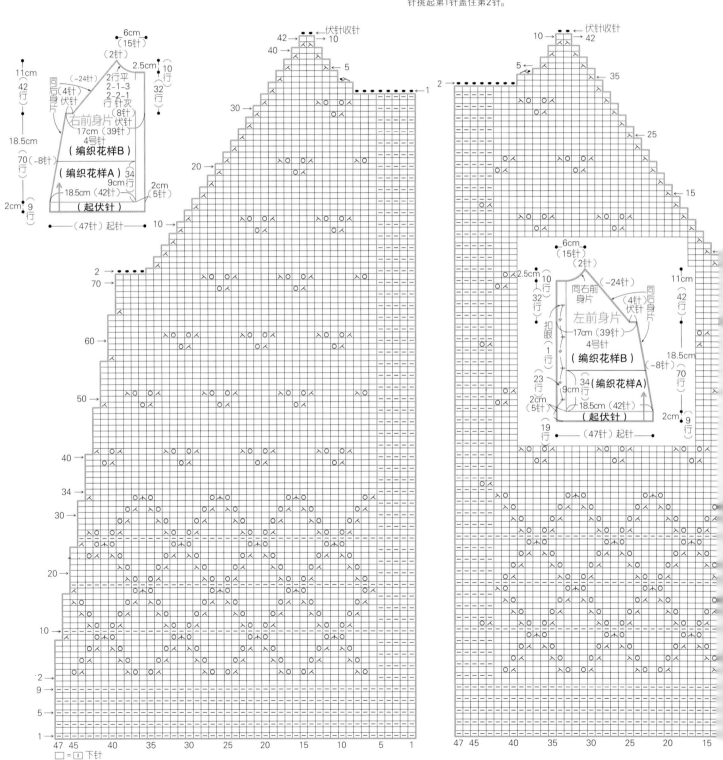

□=下针

36

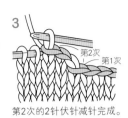

3

第2次的2针伏针减针完成。

左前身片

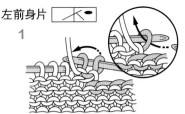

1

第4行边端针目移到右棒针上，下1针编织上针。用左棒针挑起第1针盖住第2针。

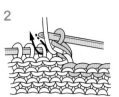

2

下1针编织上针。同样盖住编织伏针。

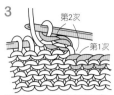

3

第2次的2针伏针减针完成。

编织2片衣袖

编织2片相同形状的衣袖。手指挂线起针59针，袖下半部分编织38行。插肩线的减针方法和后身片相同，余下的针目以相同要领伏针收针。

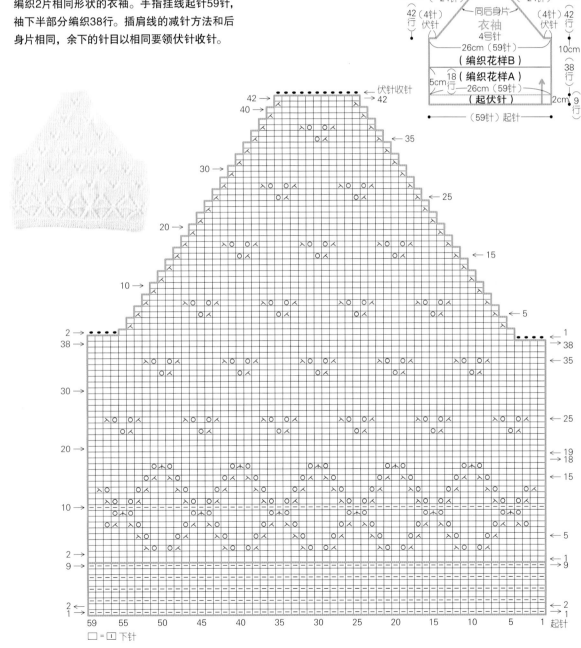

□ = □ 下针

连接各部分，作品完成

后身片、右前身片、左前身片、衣袖（2片）都编织完成之后，将各部分缝合，编织衣领，缝上纽扣，作品完成。按照下面的顺序，仔细完成。

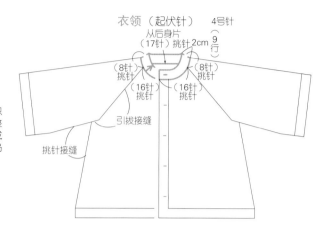

衣领（起伏针）　4号针
从后身片
（17针）挑针2cm（9行）
（8针）挑针
（8针）挑针
（16针）挑针
（16针）挑针
引拔接缝
挑针接缝

● 用熨斗定型

缝合之前用熨斗熨平整。在织片反面熨烫以使各针目排列整齐，注意调整织片大小，使成品符合书中尺寸。注意熨斗局部过热会烧坏织片。

缝合插肩线　● 引拔接缝

后身片和衣袖、衣袖和前身片，正面相对对齐用钩针引拔接缝。

1 后身片和衣袖对齐。

2 2片织片正面相对对齐，用珠针固定。

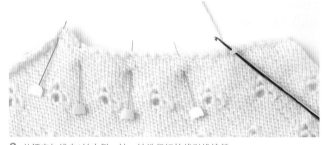

3 从领窝加线在1针内侧一针一针地仔细挂线引拔接缝。

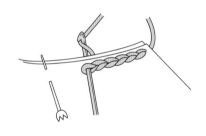

胁、袖下的缝合　● 挑针接缝

后身片和前身片的胁部对齐，看着正面从下摆开始挑针接缝。袖下两端对齐，从腋下开始接缝。

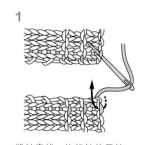

1 缝针穿线，从起针处开始挑针接缝。

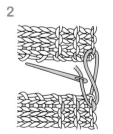

2 起伏针处，一边挑起半针内侧的上针，一边挑起1针内侧的渡线缝。

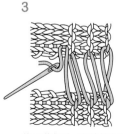

3 编织花样处，交替挑起1针内侧的横向渡线一行一行地缝。

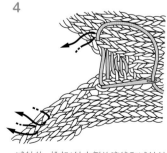

4 减针处，挑起1针内侧的渡线和减针针目的半针一起接缝。

编织衣领

衣领是加线从右前领窝、右袖、后领窝、左袖、左前领窝连续挑针编织起伏针9行，在左前衣领的第5行用左上2针并1针和挂针编织扣眼。编织终点伏针收针。

●挑针

●表示挑针位置。将针插入针目中，挂线拉出。遇到行边时从1针内侧入针挑针。

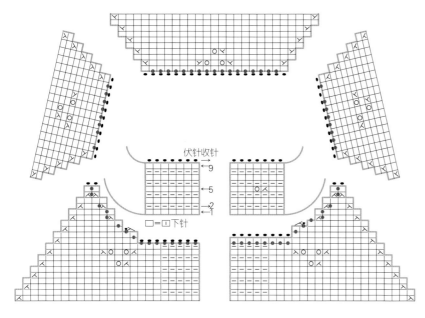

□=□下针

●伏针收针

编织终点的针目做伏针收针。收针的时候注意不能过紧或过松，注意和下方的针目协调。

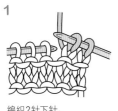

1 编织2针下针。

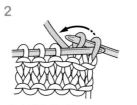

2 第1针盖住第2针。

3 重复"编织下针，挑针盖住"。

4 最后留5cm左右线头，线头穿入针目中。

缝上纽扣

最后处理线头（参见75页）和缝上纽扣。

●缝上纽扣（有脚纽扣）

1 穿针两个线端一起打结，缝针穿过织片和扣脚。

2 再次穿过织片，线的长度根据织片厚度(包含扣脚的高度)决定。

3 穿过织片后在扣脚底部绕几圈。

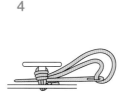

4 绕线之后从刚才的线圈中穿过使之不会松散。

5 从织片反面出针，打结后断线。

本书使用的线　实物大小

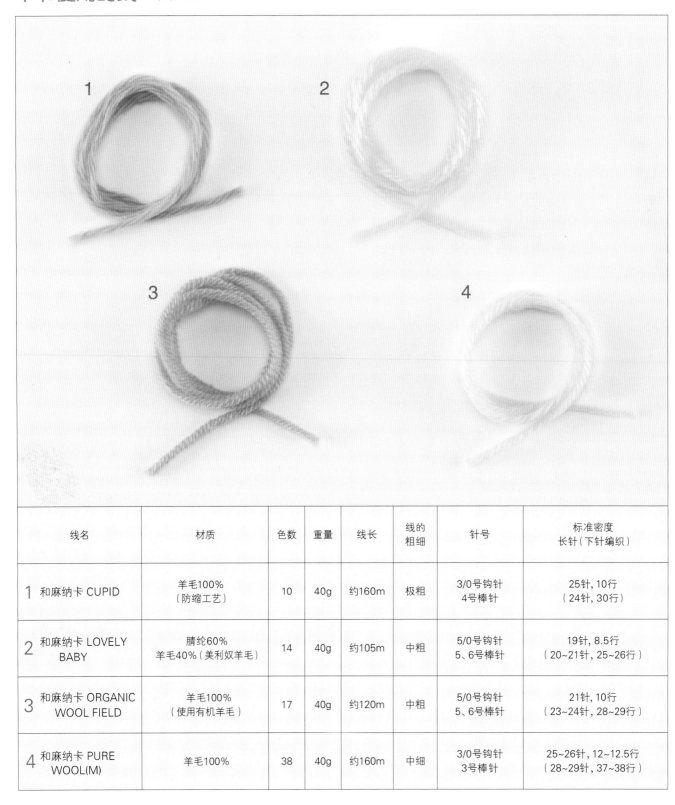

线名	材质	色数	重量	线长	线的粗细	针号	标准密度 长针（下针编织）
1 和麻纳卡 CUPID	羊毛100%（防缩工艺）	10	40g	约160m	极粗	3/0号钩针 4号棒针	25针，10行（24针，30行）
2 和麻纳卡 LOVELY BABY	腈纶60% 羊毛40%（美利奴羊毛）	14	40g	约105m	中粗	5/0号钩针 5、6号棒针	19针，8.5行（20~21针，25~26行）
3 和麻纳卡 ORGANIC WOOL FIELD	羊毛100%（使用有机羊毛）	17	40g	约120m	中粗	5/0号钩针 5、6号棒针	21针，10行（23~24针，28~29行）
4 和麻纳卡 PURE WOOL(M)	羊毛100%	38	40g	约160m	中细	3/0号钩针 3号棒针	25~26针，12~12.5行（28~29针，37~38行）

作品的编织方法

1

3~12个月

4页

●材料和工具
使用线…和麻纳卡 CUPID 原白色（6）[披风
90g，帽子30g，袜子15g] 135g／4团，浅粉色
（3）[披风15g，帽子3g，袜子4g] 22g／1团
针…钩针3/0号、4/0号

●成品尺寸
披风：下摆周长100cm，长21cm
帽子：帽围40cm，深15cm
袜子：袜底长9cm，袜筒高5.5cm

●密度
花片3.5cm×3.5cm

●编织重点
袜子　袜底从中央锁针14针起针，立织2针锁
针，挑取锁针半针和里山进行钩织。如图所示
在另一侧继续挑针钩织1周，共钩织4行。第
4行挑取上1行的外侧半针进行钩织。花片连
接如图所示，和袜底对齐卷针钉缝。袜口部
分挑针钩织2行边缘编织a'，穿过罗纹绳，绳
子两端固定绳尾装饰。

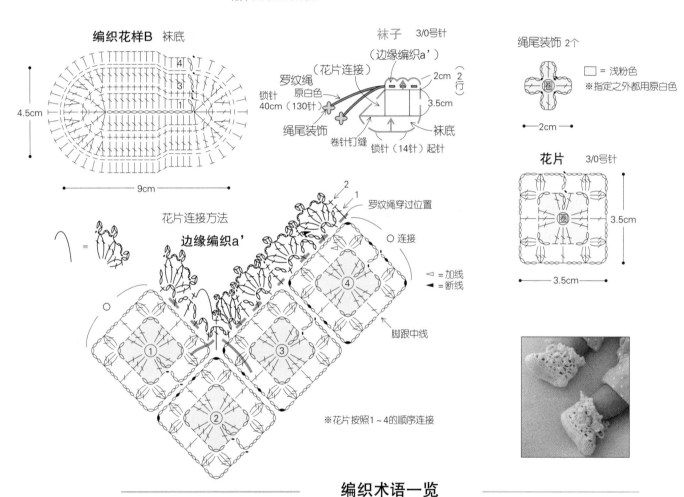

编织花样B　袜底

4.5cm

9cm

袜子　3/0号针

（边缘编织a'）
（花片连接）
罗纹绳
锁针　原白色
40cm（130针）
绳尾装饰
2cm（2行）
3.5cm
卷针钉缝
锁针（14针）起针
袜底

绳尾装饰　2个
□ = 浅粉色
※指定之外都用原白色
2cm

花片　3/0号针
圈
3.5cm
3.5cm

花片连接方法
边缘编织a'

罗纹绳穿过位置
○ 连接
▷ = 加线
◀ = 断线

脚跟中线

※花片按照1～4的顺序连接

编织术语一览

钩针编织

- ●锁针（43页）
- ●环形起针（51页）
- ●短针、长针（63页）
- ●长长针（43页）
- ●长针1针交叉（52页）
- ●长针的正拉针（56页）
- ●长针的反拉针（57页）
- ●3针长针的枣形针（61页）
- ●短针3针并1针（60页）
- ●3针锁针的狗牙拉针（46页）
- ●花片的连接方法（51页）
- ●双层锁针编织（47页）

棒针编织

- ●滑针（75页）
- ●卷针（82页）
- ●卷针加针（84页）
- ●下针钉缝（73页）
- ●引拨接缝（92页）
- ●线头的处理（75页）

☆绳编、刺绣

- ●罗纹绳（43页）
- ●雏菊绣（93页）

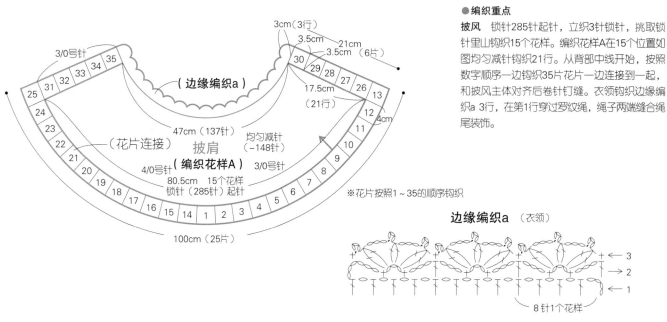

●编织重点

披风　锁针285针起针，立织3针锁针，挑取锁针里山钩织15个花样。编织花样A在15个位置如图均匀减针钩织21行。从背部中线开始，按照数字顺序一边钩织35片花片一边连接到一起，和披风主体对齐后卷针钉缝。衣领钩织边缘编织a 3行，在第1行穿过罗纹绳，绳子两端缝合绳尾装饰。

3cm（3行）
3.5cm
21cm
3.5cm （6片）
17.5cm
（21行）
4cm

3/0号针

35 34 33 32 31

25 31

24
23
22
21
20
19
18
17
16
15 14

30 29 28 27 26 13
12
11
10
9
8 7 6 5 4 3 2 1

（边缘编织a）

（花片连接）

披肩

（编织花样A）

47cm（137针）

均匀减针
（−148针）

4/0号针
80.5cm　15个花样
锁针（285针）起针

3/0号针

100cm（25片）

※花片按照1~35的顺序钩织

边缘编织a　（衣领）

8针1个花样

编织花样A　均匀减针

边缘编织b

罗纹绳穿过位置

罗纹绳穿过位置

边缘编织a

19针1个花样

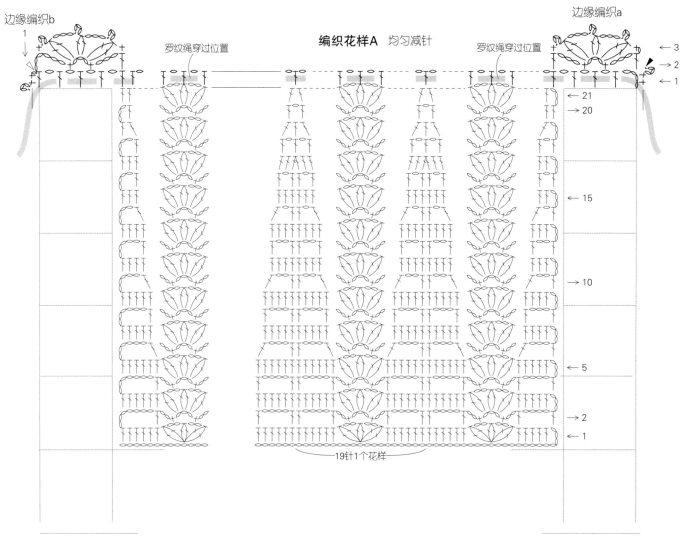

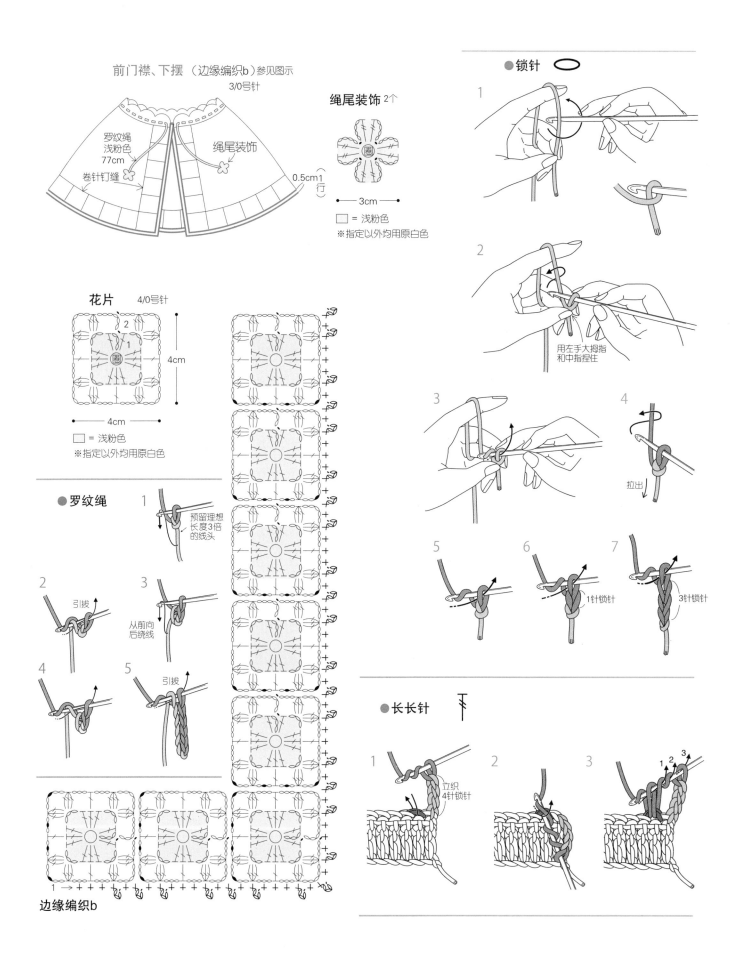

前门襟、下摆 （边缘编织b）参见图示
3/0号针

罗纹绳
浅粉色
77cm

绳尾装饰

卷针钉缝

0.5cm1行

绳尾装饰 2个

3cm

□ = 浅粉色
※指定以外均用原白色

花片 4/0号针

2
1
圈

4cm

4cm

□ = 浅粉色
※指定以外均用原白色

●罗纹绳

1
预留理想长度3倍的线头

2 引拔
3 从前向后绕线
4
5 引拔

边缘编织b

1→ + + + + + + + + + + + + + + + + +

●锁针 ⬭

1

2
用左手大拇指和中指捏住

3
4 拉出

5
6 1针锁针
7 3针锁针

●长长针

1 立织4针锁针
2
3 1 2 3

43

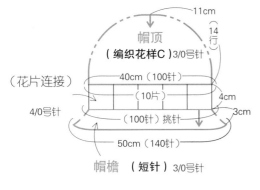

帽顶
（编织花样C）3/0号针

11cm

（14行）

（花片连接）

40cm（100针）

（10片）

4cm

4/0号针

（100针）挑针

3cm

50cm（140针）

帽檐（短针）3/0号针

●编织重点
帽子 帽顶环形起针开始钩织。挑起上1行外侧半针钩织14行编织花样C。10片花片连接成环状，在第14行卷针钉缝。帽檐部分从花片如图挑针，加针的同时钩织9行。绳尾装饰如图缝合到罗纹绳上。

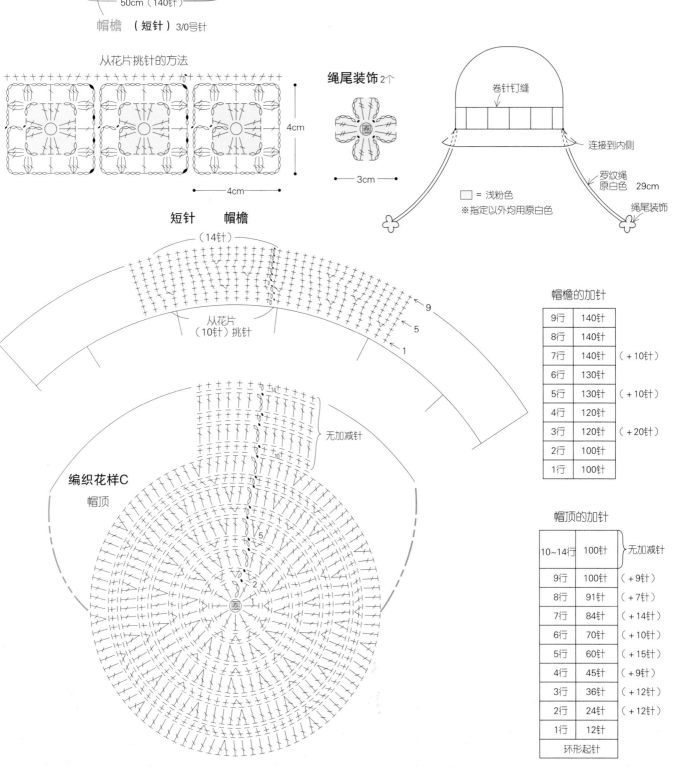

从花片挑针的方法

4cm

4cm

短针　帽檐

绳尾装饰2个

卷针钉缝

连接到内侧

罗纹绳
原白色 29cm

绳尾装饰

3cm

□ = 浅粉色

※指定以外均用原白色

短针　帽檐

（14针）

从花片
（10针）挑针

9

5

1

编织花样C

帽顶

无加减针

帽檐的加针		
9行	140针	
8行	140针	
7行	140针	（+10针）
6行	130针	
5行	130针	（+10针）
4行	120针	
3行	120针	（+20针）
2行	100针	
1行	100针	

帽顶的加针		
10~14行	100针	无加减针
9行	100针	（+9针）
8行	91针	（+7针）
7行	84针	（+14针）
6行	70针	（+10针）
5行	60针	（+15针）
4行	45针	（+9针）
3行	36针	（+12针）
2行	24针	（+12针）
1行	12针	
环形起针		

5

3~12个月

7页

●材料和工具
使用线··和麻纳卡 CUPID 奶油色[无袖开衫100g，帽子50g，手套15g，袜子25g] 190g／5团
针···钩针2/0号、3/0号、4/0号
●成品尺寸
无袖开衫：胸围67cm，肩背宽24cm，衣长31.5cm
帽子：头围40cm，深16.5cm
手套：掌围12.5cm，长11.5cm
袜子：袜底长10cm，袜筒高10cm

●密度
10cm×10cm面积内：编织花样3.75个花样，15行
●编织重点
无袖开衫
后身片、前身片　锁针起针，挑取锁针里山钩织编织花样A。袖窿参照图示减针，左右对称钩织2片前身片。
组合　肩部卷针钉缝，胁用锁针的引拔接缝。衣领从前、后身片挑针钩织，之后进行边缘编织。袖口、前门襟、下摆继续进行边缘编织a，纽扣和绳子如图完成。

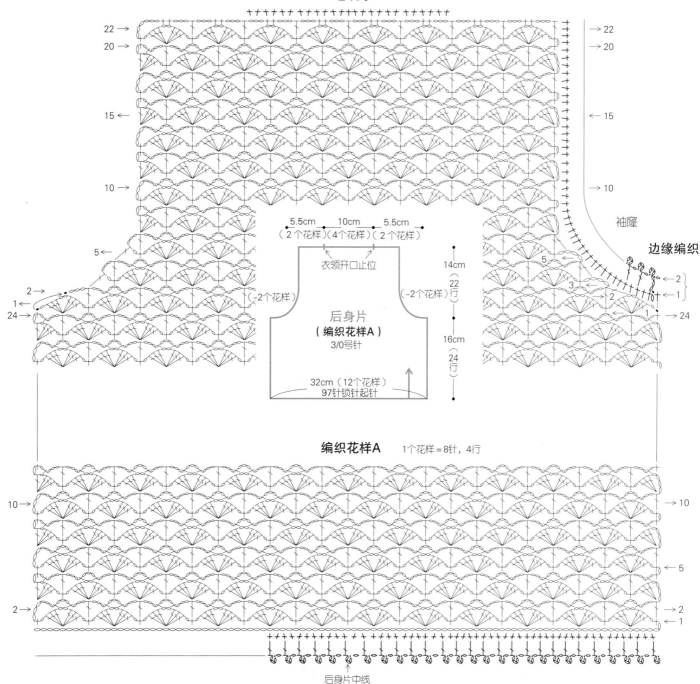

后领窝

5.5cm　10cm　5.5cm
（2个花样）（4个花样）（2个花样）

衣领开口止位

14cm
（22行）

16cm
（24行）

（-2个花样）　后身片　（-2个花样）
（编织花样A）
3/0号针

32cm（12个花样）
97针锁针起针

袖窿

边缘编织

编织花样A　1个花样＝8针，4行

后身片中线

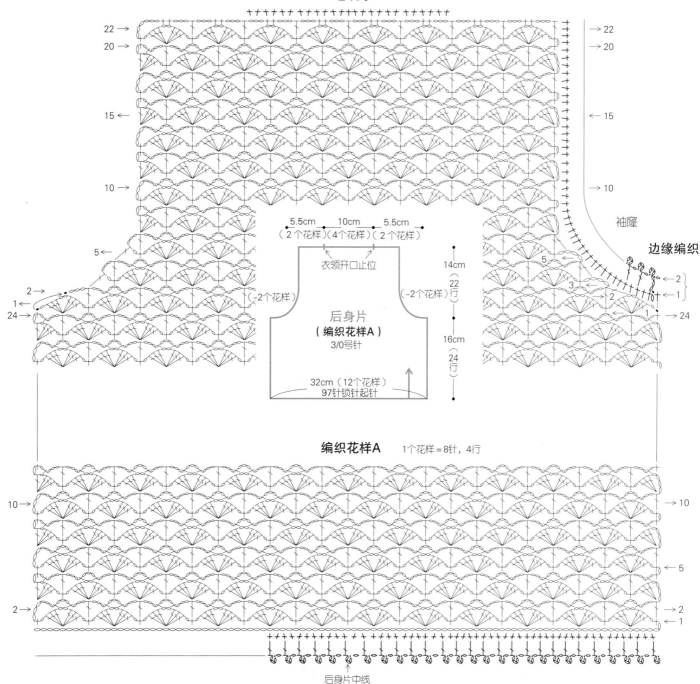

45

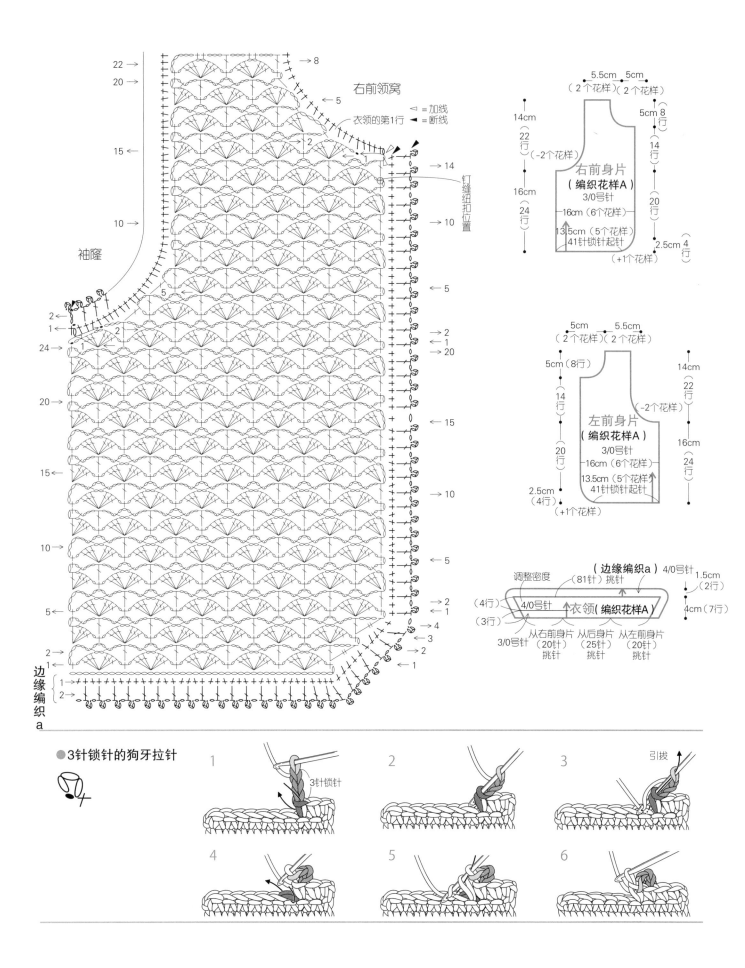

右前领窝

衣领的第1行
▷ = 加线
◀ = 断线

钉缝纽扣位置

袖隆

边缘编织a

5.5cm 5cm
（2个花样）（2个花样）

14cm
（22行）（-2个花样）

5cm（8行）

右前身片
（编织花样A）
3/0号针

14行

16cm
（24行）

16cm（6个花样）

20行

13.5cm（5个花样）
41针锁针起针
（+1个花样）

2.5cm（4行）

5cm 5.5cm
（2个花样）（2个花样）

5cm（8行）

14行

左前身片
（编织花样A）
3/0号针

（-2个花样）

14cm
（22行）

20行

16cm
（24行）

16cm（6个花样）

13.5cm（5个花样）
41针锁针起针
（+1个花样）

2.5cm
（4行）

调整密度
（4行）

（边缘编织a）4/0号针
（81针）挑针

4/0号针

衣领（编织花样A）

1.5cm
（2行）

4cm（7行）

（3行）

从右前身片
（20针）
挑针
3/0号针

从后身片
（25针）
挑针

从左前身片
（20针）
挑针

● 3针锁针的狗牙拉针

1 3针锁针
2
3 引拔
4
5
6

46

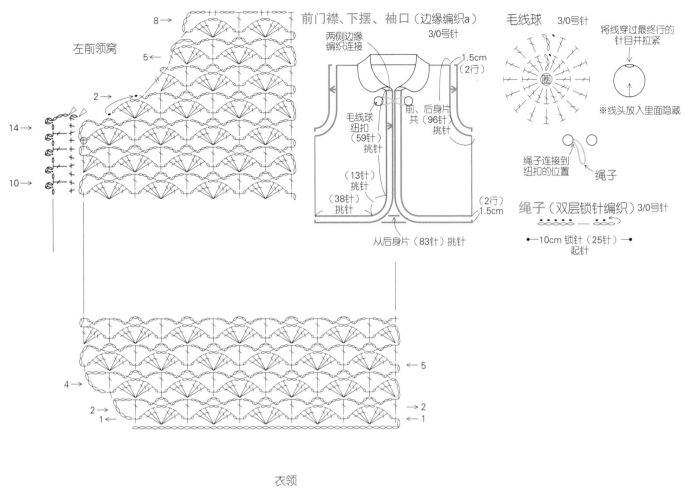

左前领窝

8→
5←
2→
14→
10→

前门襟、下摆、袖口（边缘编织a）
3/0号针

两侧边缘
编织连接

毛线球
纽扣
（59针）
挑针

（13针）
挑针

（38针）
挑针

前、后身片
共（96针）
挑针

1.5cm
（2行）

（2行）
1.5cm

从后身片（83针）挑针

毛线球　3/0号针

※线头放入里面隐藏

绳子连接到
纽扣的位置

绳子

将线穿过最终行的
针目并拉紧

绳子（双层锁针编织）3/0号针

←10cm 锁针（25针）→
起针

5←
4→
2→
1←

衣领

→7
→5

→2
←1
挑针

断线

加线

1 2

边缘编织a

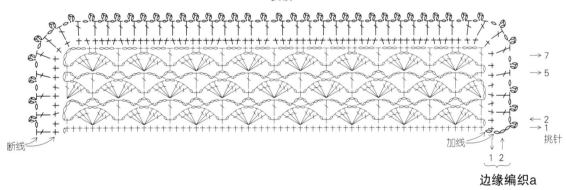

●双层锁针编织（引拔编织）

1　插入里山后引拔
跳过1针锁针

2

3

4

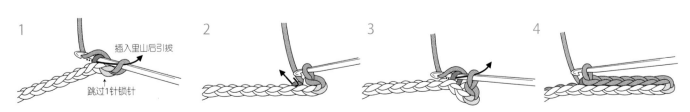

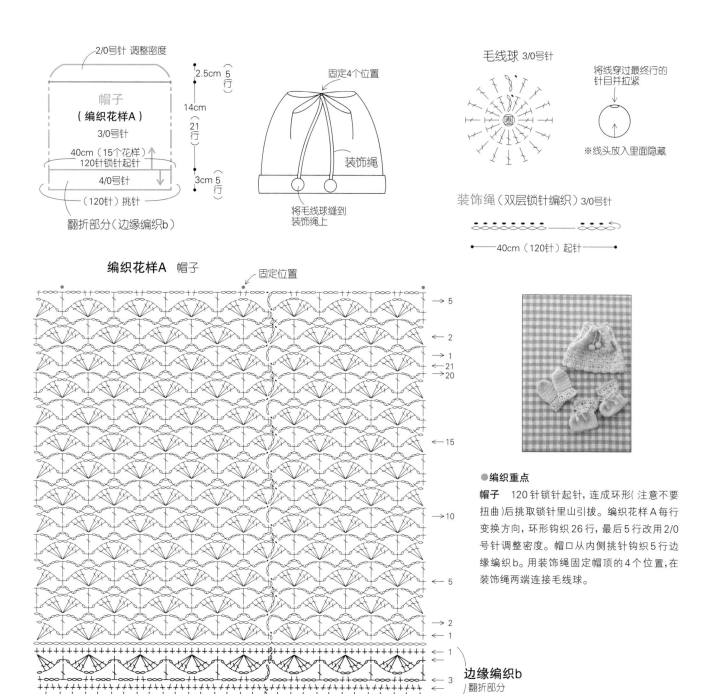

编织花样A　帽子

帽子（编织花样A）

2/0号针 调整密度

帽子（编织花样A）
3/0号针

40cm（15个花样）
120针锁针起针
4/0号针

（120针）挑针

翻折部分（边缘编织b）

2.5cm（5行）
14cm（21行）
3cm（5行）

固定4个位置

装饰绳

将毛线球缝到装饰绳上

毛线球 3/0号针

将线穿过最终行的针目并拉紧

圈

※线头放入里面隐藏

装饰绳（双层锁针编织）3/0号针

40cm（120针）起针

固定位置

→5
←2
→1
→21
→20
←15
→10
←5
→2
→1
←1
边缘编织b
3
翻折部分
5

8针1个花样

●编织重点

帽子 120针锁针起针，连成环形（注意不要扭曲）后挑取锁针里山引拔。编织花样A每行变换方向，环形钩织26行，最后5行改用2/0号针调整密度。帽口从内侧挑针钩织5行边缘编织b。用装饰绳固定帽顶的4个位置，在装饰绳两端连接毛线球。

脚尖的加针

5~10行	36针	
4行	36针	（+12针）
3行	24针	
2行	24针	（+12针）
1行	12针	
环形起针		

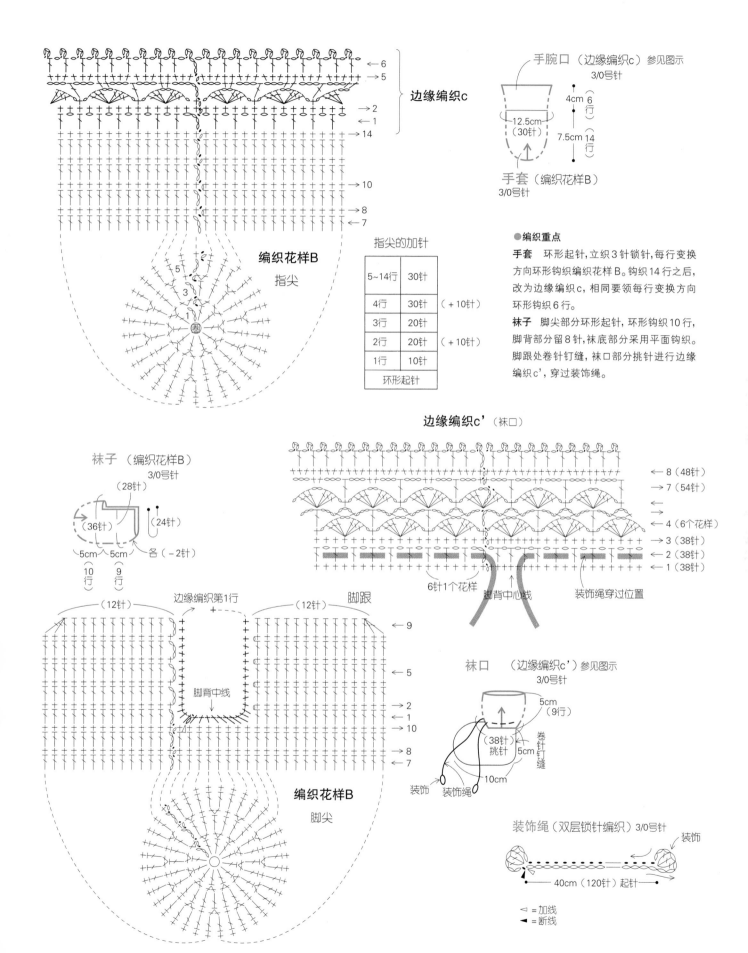

边缘编织c

手腕口（边缘编织c）参见图示
3/0号针

4cm（6行）

12.5cm（30针）

7.5cm（14行）

手套（编织花样B）
3/0号针

编织花样B

指尖

指尖的加针

5~14行	30针	
4行	30针	（+10针）
3行	20针	
2行	20针	（+10针）
1行	10针	
环形起针		

●编织重点

手套 环形起针，立织3针锁针，每行变换方向环形钩织编织花样B。钩织14行之后，改为边缘编织c，相同要领每行变换方向环形钩织6行。

袜子 脚尖部分环形起针，环形钩织10行，脚背部分留8针，袜底部分采用平面钩织。脚跟处卷针钉缝，袜口部分挑针进行边缘编织c'，穿过装饰绳。

边缘编织c'（袜口）

←8（48针）
→7（54针）
←
4（6个花样）
→3（38针）
←2（38针）
←1（38针）

6针1个花样　脚背中心线　装饰绳穿过位置

袜子（编织花样B）
3/0号针

（28针）

（36针）

（24针）

5cm（10行）　5cm（9行）　各（-2针）

（12针）　边缘编织第1行　（12针）　脚跟

脚背中心线

→9
→5
→2
←1
←10
←8
←7

编织花样B

脚尖

袜口　（边缘编织c'）参见图示
3/0号针

5cm（9行）

（38针）挑针

5cm

卷针钉缝

10cm

装饰　装饰绳

装饰绳（双层锁针编织）3/0号针

装饰

40cm（120针）起针

◁ =加线
◀ =断线

2

0～

5页

● 材料和工具

使用线…和麻纳卡 LOVELY BABY 冰橙色（20）140g、白色（1）130g/各4团，橙红色（5）、淡蓝色（6）各40g/各1团

针…钩针5/0号

● 成品尺寸

74.5cm×74.5cm

● 花片尺寸

6.5cm×6.5cm

● 编织重点

花片A、B环形起针，第1行用橙红色或者淡蓝色线钩织。从第2片开始在最后1行用引拔针连接。连接的时候，四边整段挑起相连接织片的锁针，角处是第2片整段引拔，第3片从第2片的引拔针里引拔。边缘编织在指定位置用冰橙色线编织2行。

婴儿毯 （花片连接）5/0号针   （边缘编织）冰橙色 5/0号针

A	B	A	B	A	B	A	B	A	B	A
B	A	B	A	B	A	B	A	B	A	B
A	B	A	B	A	B	A	B	A	B	A
B	A	B	A	B	A	B	A	B	A	B
A	B	A	B	A	B	A	B	A	B	A
B	A	B	A	B	A	B	A	B	A	B
A	B	A	B	A	B	A	B	A	B	A
B	A	B	A	B	A	B	A	B	A	B
A	B	A	B	A	B	A	B	A	B	A
B	A	B	A	B	A	B	A	B	A	B
A	B	A	B	A	B	A	B	A	B	A

1.5cm（2行）

71.5cm（11片）

1.5cm（2行）

A 6.5cm

6.5cm

71.5cm（11片）

1.5cm（2行）

1.5cm（2行）

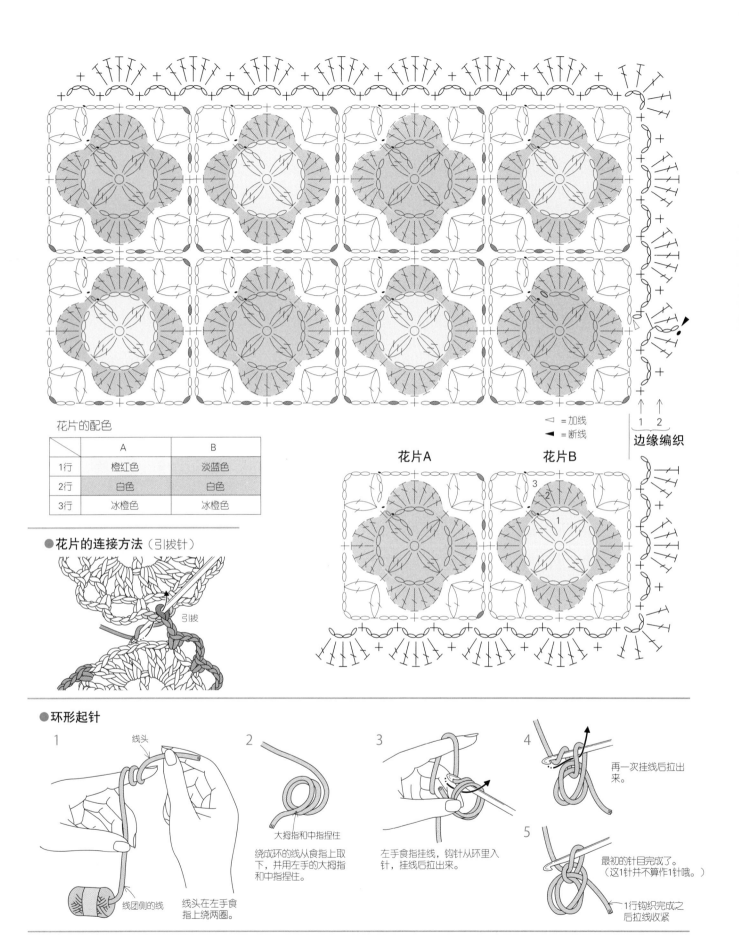

花片的配色

	A	B
1行	橙红色	淡蓝色
2行	白色	白色
3行	冰橙色	冰橙色

◁ =加线
◀ =断线

花片A　　　花片B

边缘编织

↑ ↑
1　2

● 花片的连接方法（引拔针）

引拔

● 环形起针

1
线头

线团侧的线
线头在左手食指上绕两圈。

2
大拇指和中指捏住

绕成环的线从食指上取下，并用左手的大拇指和中指捏住。

3
左手食指挂线，钩针从环里入针，挂线后拉出来。

4
再一次挂线后拉出来。

5
最初的针目完成了。（这1针并不算作1针哦。）

1行钩织完成之后拉线收紧

51

3、4

0~6个月

6页

● **材料和工具**

使用线…和麻纳卡 CUPID 3 = 蓝色(10)、
4 = 淡粉色(3)各80g／各2团
针…钩针 3/0 号

● **成品尺寸**

胸围56cm，肩背宽21cm，衣长27cm

● **密度**

10cm×10cm面积内：编织花样、长针均
为25针，10行

● **编织重点**

后身片、前身片 锁针起针，挑起锁针里山钩织
编织花样、长针。袖窿、领窝参照图示减针。左
右对称编织2片前身片。

组合 肩部对齐卷针钉缝，肋正面相对用锁针
的引拔针接缝。下摆、斜门襟、衣领环形钩织3
行边缘编织a，袖口部分钩织2行边缘编织b。
系绳采用3股线钩织锁针18cm16cm各2根，
将绳尾装饰固定在18cm的系绳上并将系绳
在指定位置固定好。

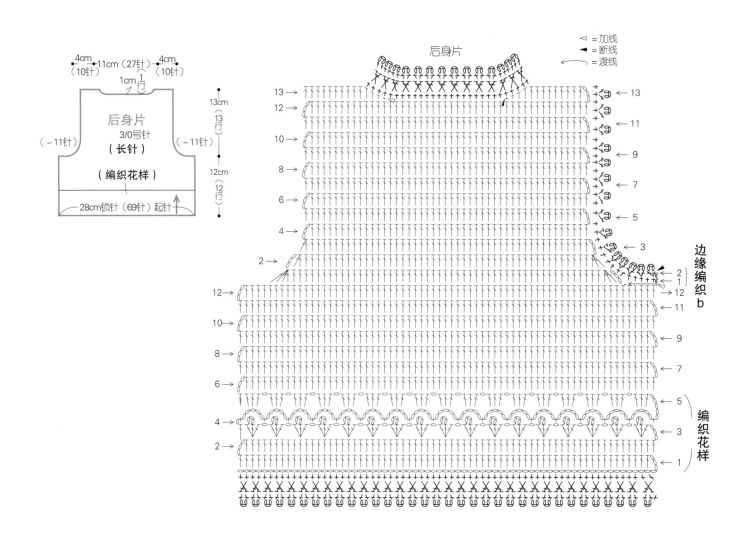

● **长针1针交叉** ✕

第1针长针在上一行的第2
针上钩织。钩针挂线在
上一行的第1针里入针。

钩针向前面倒，同时挂
线。拉出线时将第1针
长针裹入里面。

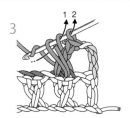

钩针挂线从前2个线圈中拉
出，再次挂线从余下的2个
线圈中拉出。

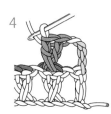

长针1针交叉完成。

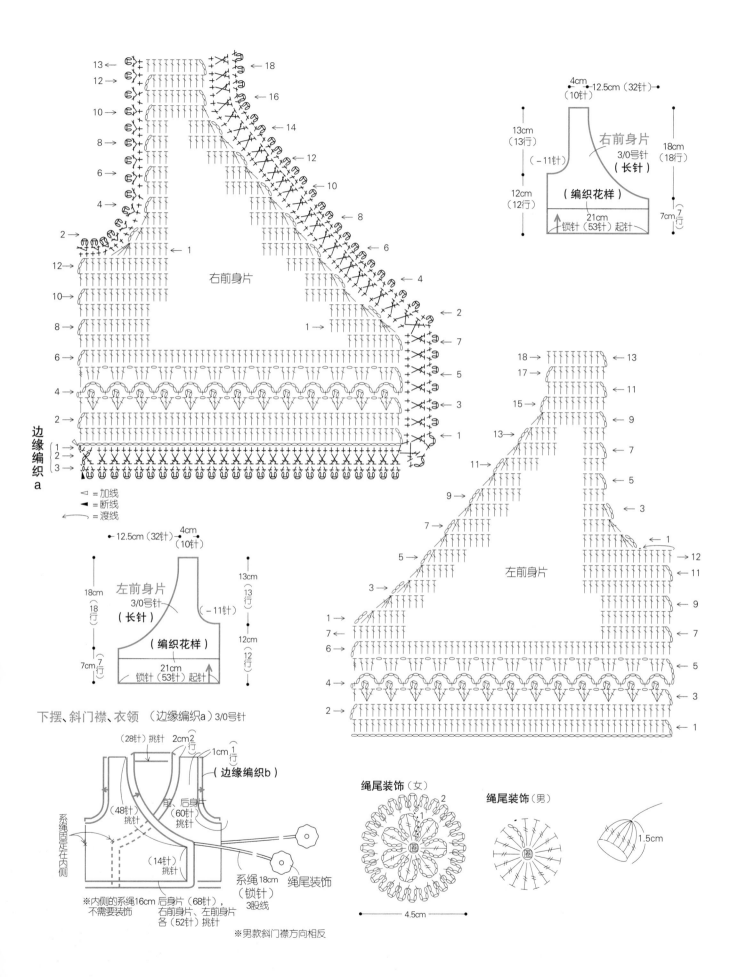

边缘编织a

◁ = 加线
◀ = 断线
← = 渡线

右前身片

左前身片

4cm（10针）　12.5cm（32针）
13cm（13行）（−11针）
12cm（12行）
18cm（18行）
7cm（7行）
21cm
锁针（53针）起针
右前身片　3/0号针（长针）
（编织花样）

12.5cm（32针）　4cm（10针）
左前身片　3/0号针（长针）
18cm（18行）（−11针）
13cm（13行）
7cm（7行）
12cm（12行）
21cm
锁针（53针）起针
（编织花样）

下摆、斜门襟、衣领　（边缘编织a）3/0号针

（28针）挑针　2cm（2行）　1cm（1行）
（边缘编织b）
（48针）挑针
前、后身片（60针）挑针
系绳固定在内侧
（14针）挑针
※内侧的系绳16cm后身片（68针），不需要装饰
系绳18cm（锁针）3股线　后身片（68针），右前身片、左前身片各（52针）挑针
绳尾装饰
※男款斜门襟方向相反

绳尾装饰（女）
4.5cm

绳尾装饰（男）
1.5cm

6

0~6 个月

8页

● 材料和工具

使用线…和麻纳卡 CUPID 原白色(6)[长裙 240g，帽子30g，袜子15g] 285g / 8团

纽扣…直径10mm10颗

针…钩针4/0 号

● 成品尺寸

长裙：胸围54cm，肩背宽22cm，衣长55cm，袖长21cm

帽子：头围44cm，深14.5cm

袜子：袜底长11cm，袜筒高9cm

● 密度

10cm×10cm面积内：编织花样A为26针，10.5行；编织花样B为1个花样3cm，10cm内9行

● 编织重点

长裙　与作品7编织方法(14~21页)相同，增加编织花样B的长度进行钩织。衣袖参见20页。

帽子　帽口处锁针起针连成环形，然后进行环形钩织，钩至帽顶做均匀减针，将线穿过余下的针目。帽檐做边缘编织b。系上绳子。

袜子　袜口处锁针起针，连成环形如图钩织，袜底卷针钉缝。

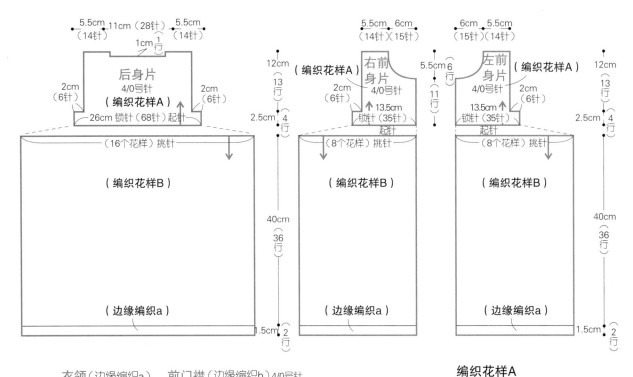

衣领（边缘编织a）、前门襟（边缘编织b）4/0号针

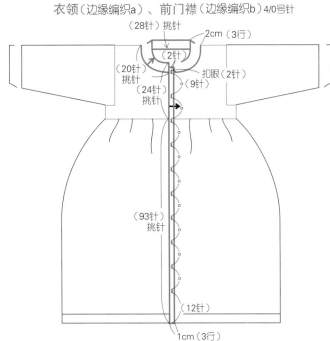

编织花样A

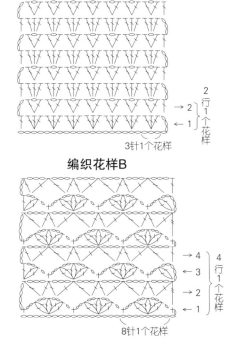

编织花样B

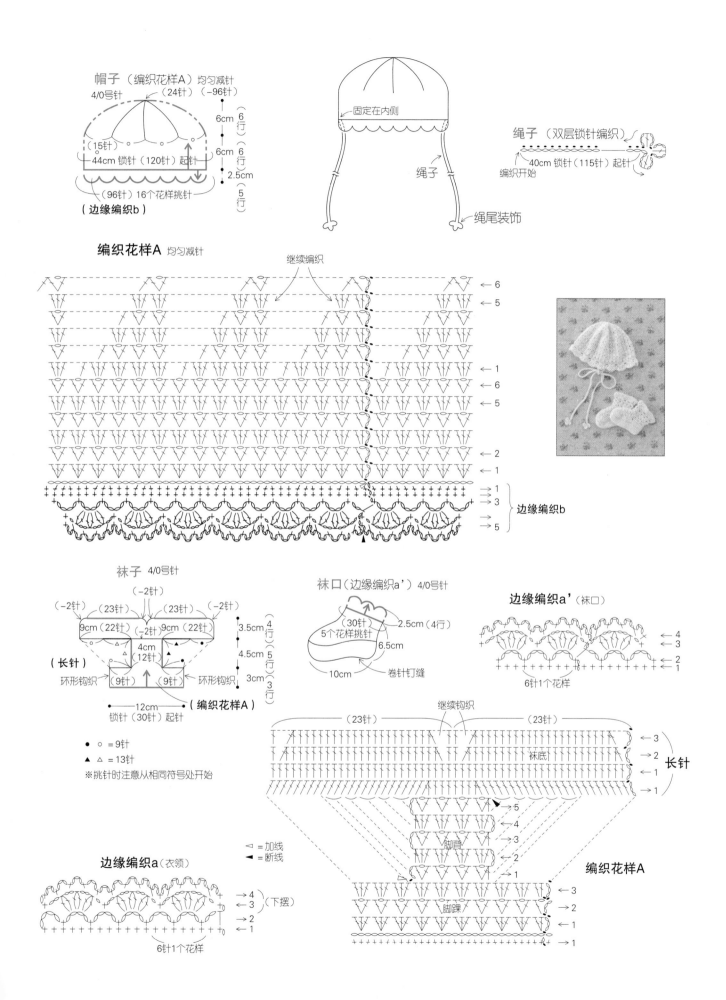

帽子（编织花样A）均匀减针
4/0号针
（24针）（－96针）
6cm 6行
（15针）
6cm 6行
44cm 锁针（120针）起针
2.5cm 5行
（96针）16个花样挑针
（边缘编织b）

固定在内侧
绳子

绳子（双层锁针编织）
40cm 锁针（115针）起针
编织开始
绳尾装饰

编织花样A 均匀减针
继续编织
←6
←5
←1
←6
←5
←2
←1
→1
→3
→5
边缘编织b

袜子 4/0号针
（－2针）
（－2针）（23针）（23针）（－2针）
9cm（22针）9cm（22针）
3.5cm 4行
（－2针）
4cm（12针）
4.5cm 5行
（长针）
环形钩织（9针）（9针）环形钩织
3cm 3行
12cm
锁针（30针）起针
（编织花样A）

● ○ ＝9针
▲ △ ＝13针
※挑针时注意从相同符号处开始

袜口（边缘编织a'）4/0号针
（30针）2.5cm（4行）
5个花样挑针
6.5cm
10cm 卷针钉缝

边缘编织a'（袜口）
←4
←3
←2
←1
6针1个花样

继续钩织
（23针）（23针）
→3
→2
→1 袜底
→1 长针
←5
←4
←3 脚背
←2
←1
编织花样A
→3
→2 脚踝
→1
→1

边缘编织a（衣领）
◁ ＝加线
◀ ＝断线
→4
→3（下摆）
→2
→1
6针1个花样

55

8、9

3~12个月

10页

● 材料和工具

使用线…和麻纳卡 CUPID 8 = 淡蓝色（5）[上衣200g，护耳帽35g] 235g/6团，9 = 肉粉色（9）[上衣180g，护耳帽30g] 210g/6团，白色（1）[上衣20g，护耳帽5g] 25g / 1团

纽扣…直径15mm3颗

针…钩针3/0号、5/0号

● 成品尺寸

上衣：胸围57cm，衣长30cm，连肩袖长27.5cm

护耳帽：头围48cm，深15.5cm

● 密度

10cm×10cm面积内：编织花样B为2个花样，11行

● 编织重点

上衣

育克　领窝处112针锁针起针，挑起锁针里山钩织编织花样A，均匀加针钩织10行，后身片领窝处加线钩织2行。

后身片、右前身片、左前身片　从育克继续钩织，前、后身片的接帮部分加线钩织9针锁针后，和左前身片、后身片、右前身片一起继续钩织。

衣袖　从育克继续钩织，接帮部分从9针锁针处挑针。袖下参照图示减针。

组合　袖下正面相对对齐用锁针的引拔针接缝。前门襟、衣领则继续钩织3行，第4行只钩织衣领。绳子穿过领窝处。

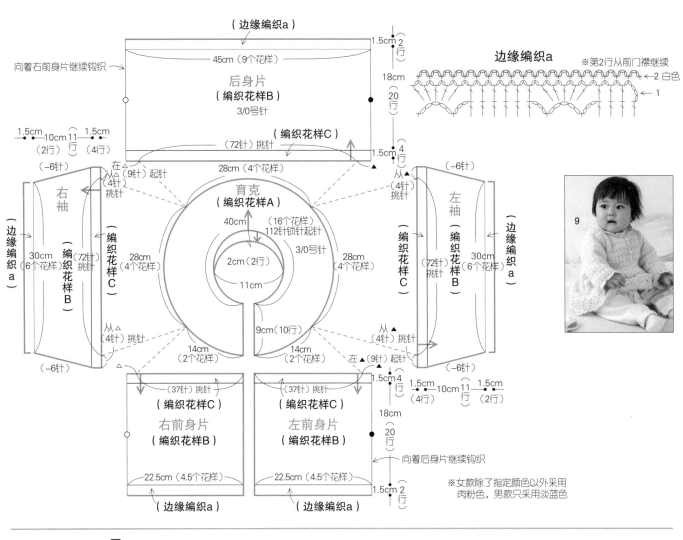

边缘编织a
※第2行从前门襟继续

（边缘编织a）

45cm（9个花样）　1.5cm 2行

后身片
（编织花样B）
3/0号针

18cm 20行

（编织花样C）　1.5cm 4行

（72针）挑针

向着右前身片继续钩织

1.5cm 10cm11 1.5cm
（2行）行 （4行）
（-6针）

右袖
在（9针）起针
从（4针）挑针

育克
（编织花样A）

40cm

（16个花样）
112针锁针起针
3/0号针

2cm（2行）

11cm

28cm（4个花样）

28cm（4个花样）

9cm（10行）

28cm（4个花样）

左袖
（编织花样B）

（72针）挑针

（编织花样C）

（边缘编织a）

30cm（6个花样）

（编织花样B）

30cm（6个花样）

（-6针）

从（4针）挑针

14cm（2个花样）　14cm（2个花样）　在（9针）起针　从（4针）挑针

1.5cm 4行

（37针）挑针　（37针）挑针

（编织花样C）　（编织花样C）

右前身片
（编织花样B）

左前身片
（编织花样B）

18cm 20行

22.5cm（4.5个花样）　22.5cm（4.5个花样）

（边缘编织a）　（边缘编织a）

1.5cm 2行

向着后身片继续钩织

1.5cm 10cm11 1.5cm
（4行）行 （2行）

※女款除了指定颜色以外采用肉粉色，男款只采用淡蓝色

2 白色
1

9

● 长针的正拉针

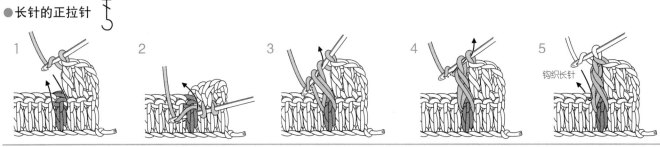

1　　2　　3　　4　　5

钩织长针

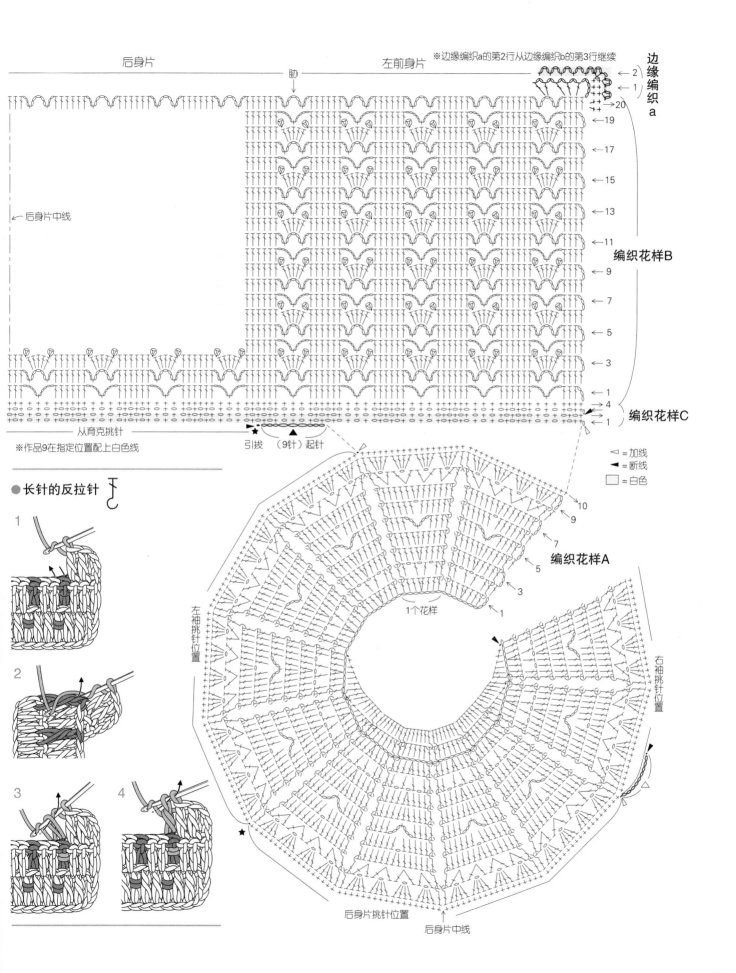

后身片　　　　　　　　　胁　　　　　　左前身片

※边缘编织a的第2行从边缘编织b的第3行继续

边缘编织a

← 2
← 1
→ 20
← 19
← 17
← 15
← 13
← 11
← 9
← 7
← 5
← 3
← 1

编织花样B

→ 4
→ 1

编织花样C

← 后身片中线

※作品9在指定位置配上白色线

从育克挑针

引拨　（9针）起针

◀ = 加线
◀ = 断线
□ = 白色

长针的反拉针

1

2

3

4

→ 10
9
7
5
3
1

编织花样A

1个花样

左袖挑针位置

右袖挑针位置

后身片挑针位置

后身片中线

※边缘编织b的第1行从边缘编织a继续

右前身片

前门襟（边缘编织b）、衣领（边缘编织b'）3/0号针

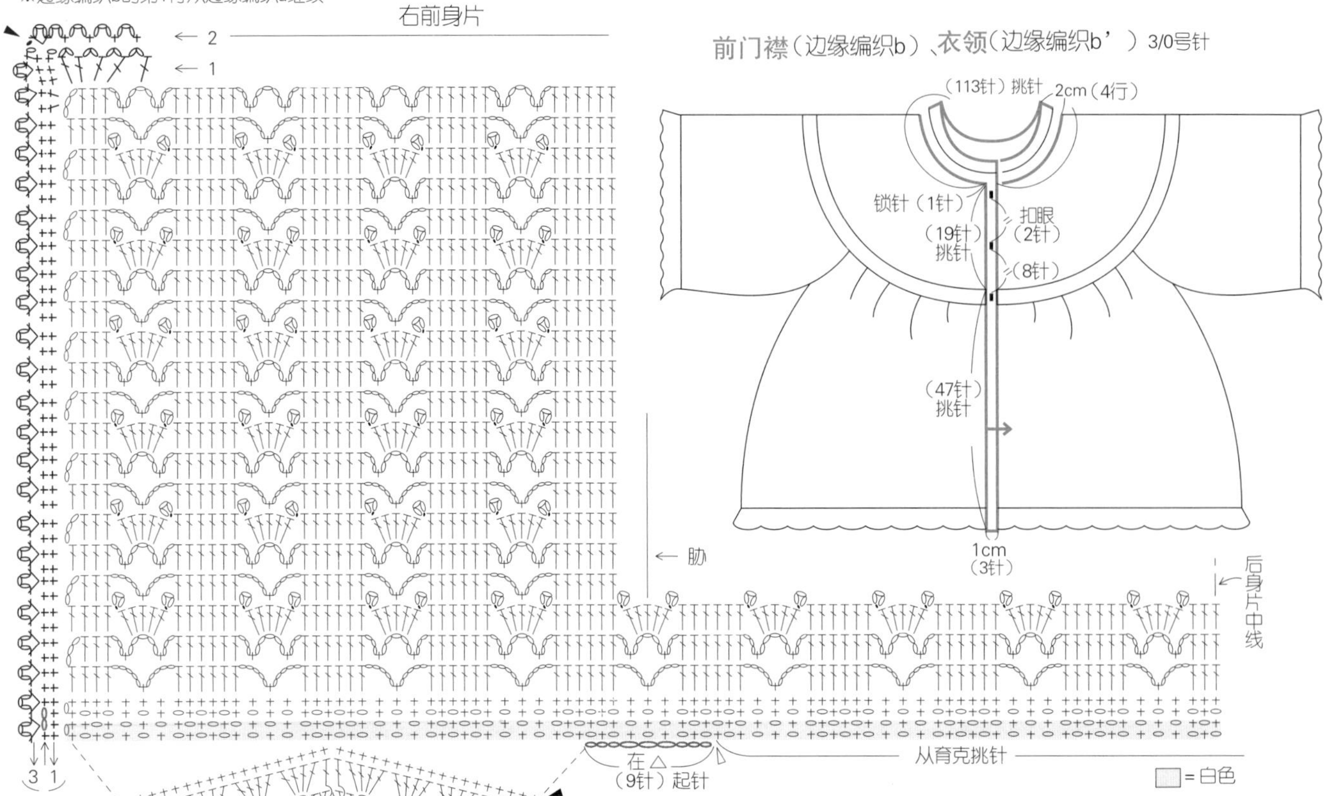

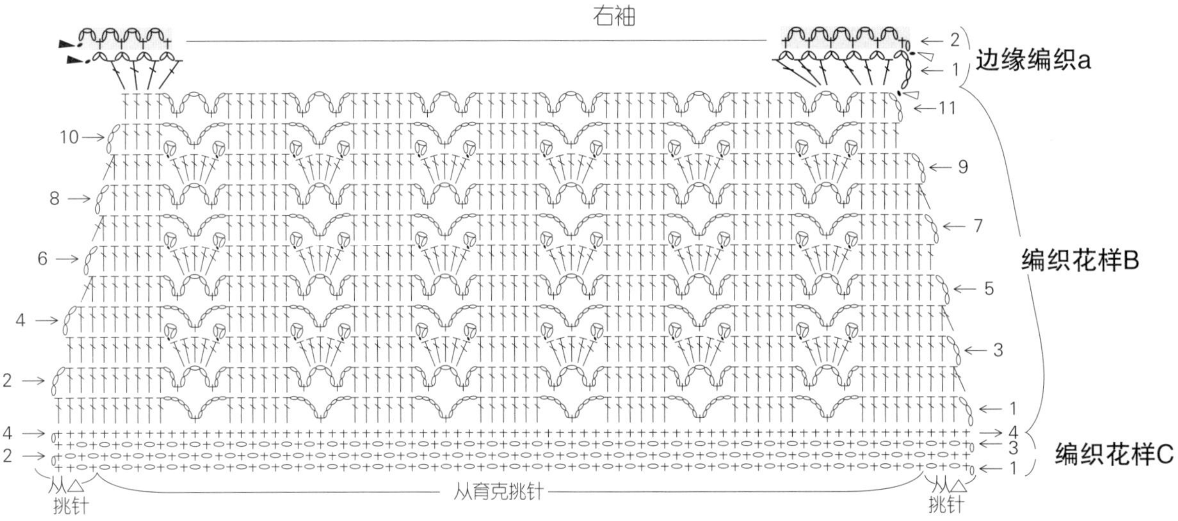

← 2
← 1

（113针）挑针　2cm（4行）

锁针（1针）

扣眼
（2针）

（19针）
挑针

（8针）

（47针）
挑针

1cm
（3针）

← 胁

后身片中线

在
（9针）起针

从育克挑针

□ = 白色

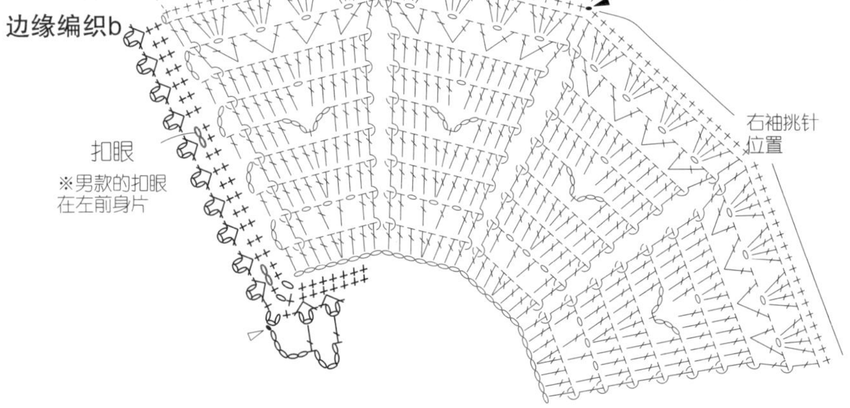

边缘编织b

扣眼
※男款的扣眼
在左前身片

右袖挑针
位置

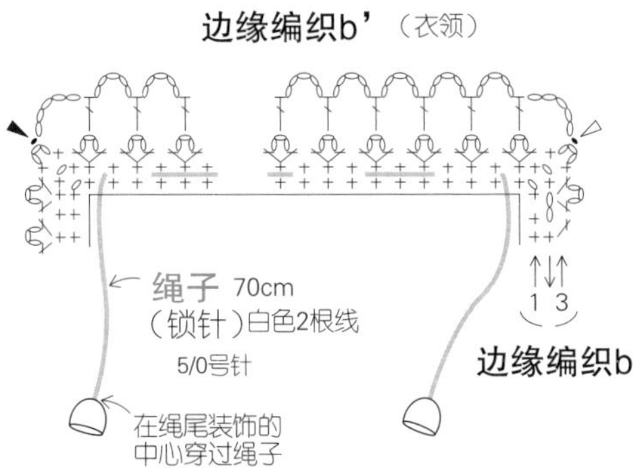

边缘编织b'（衣领）

绳子 70cm
（锁针）白色2根线
5/0号针

在绳尾装饰的
中心穿过绳子

边缘编织b

右袖

边缘编织a

← 2
← 1
← 11

编织花样B

编织花样C

从育克挑针

从△
挑针

从△
挑针

58

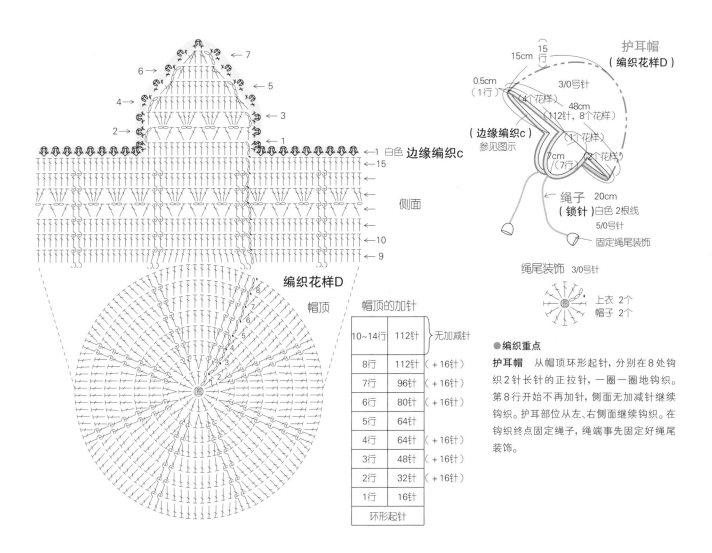

边缘编织c

侧面

编织花样D

帽顶

帽顶的加针

10~14行	112针	无加减针
8行	112针	（＋16针）
7行	96针	（＋16针）
6行	80针	（＋16针）
5行	64针	（＋16针）
4行	64针	
3行	48针	（＋16针）
2行	32针	（＋16针）
1行	16针	
环形起针		

护耳帽
（编织花样D）

●编织重点

护耳帽 从帽顶环形起针，分别在8处钩织2针长针的正拉针，一圈一圈地钩织。第8行开始不再加针，侧面无加减针继续钩织。护耳部位从左、右侧面继续钩织。在钩织终点固定绳子，绳端事先固定好绳尾装饰。

19 上接83页

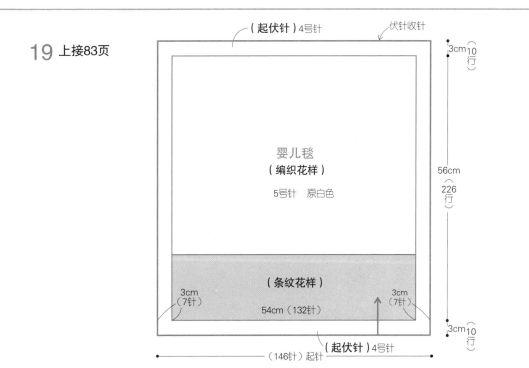

（起伏针）4号针

伏针收针

3cm 10行

婴儿毯
（编织花样）

5号针　原白色

56cm
226行

（条纹花样）

3cm
（7针）

3cm
（7针）

54cm（132针）

3cm 10行

（起伏针）4号针

（146针）起针

10、11

3~12个月

12页

10

11

● 材料和工具

使用线…和麻纳卡 CUPID 10＝白色（1）100g/3团、米黄色（4）30g/1团，11＝米黄色（4）70g、白色（1）60g/各2团

纽扣…直径15mm1颗

针…钩针3/0号

● 成品尺寸

胸围60cm，肩背宽26cm，衣长31.5cm

● 密度

10cm×10cm面积内：条纹花样32针，18.5行

● 编织重点

后身片、前身片 身片共182针锁针起针，挑起锁针里山钩织条纹花样，胁部钩24行。不断线继续钩织左前身片、领窝的减针。后身片、右前身片参照图示配色并钩织。

组合 肩部对齐卷针钉缝。下摆、前门襟、衣领使用短针连在一起钩织。每钩完1圈改变钩织方向，在右前身片的第4行要做一个扣襻。袖口处在腋下加线同样要领环形钩织，在左前门襟上缝上纽扣。

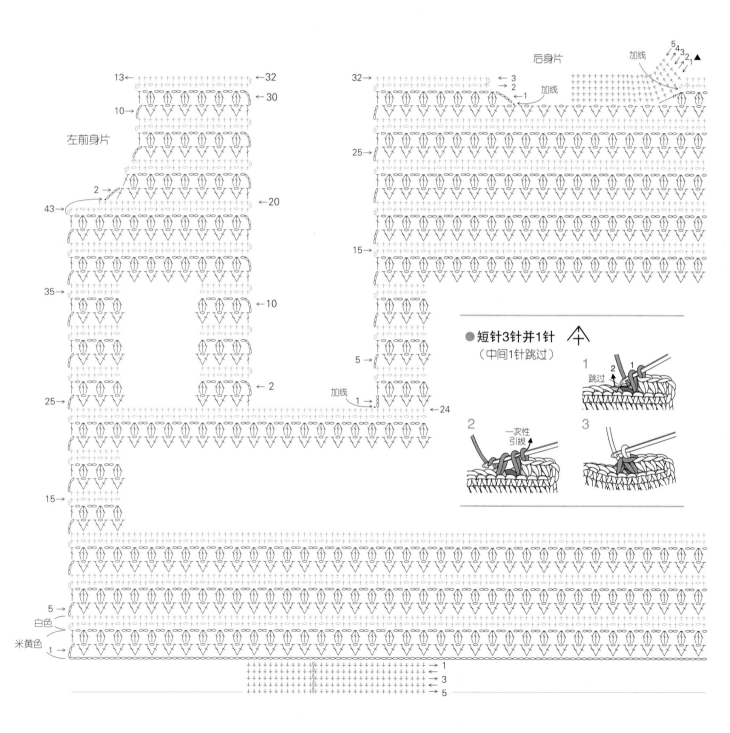

● 短针3针并1针

（中间1针跳过）

60

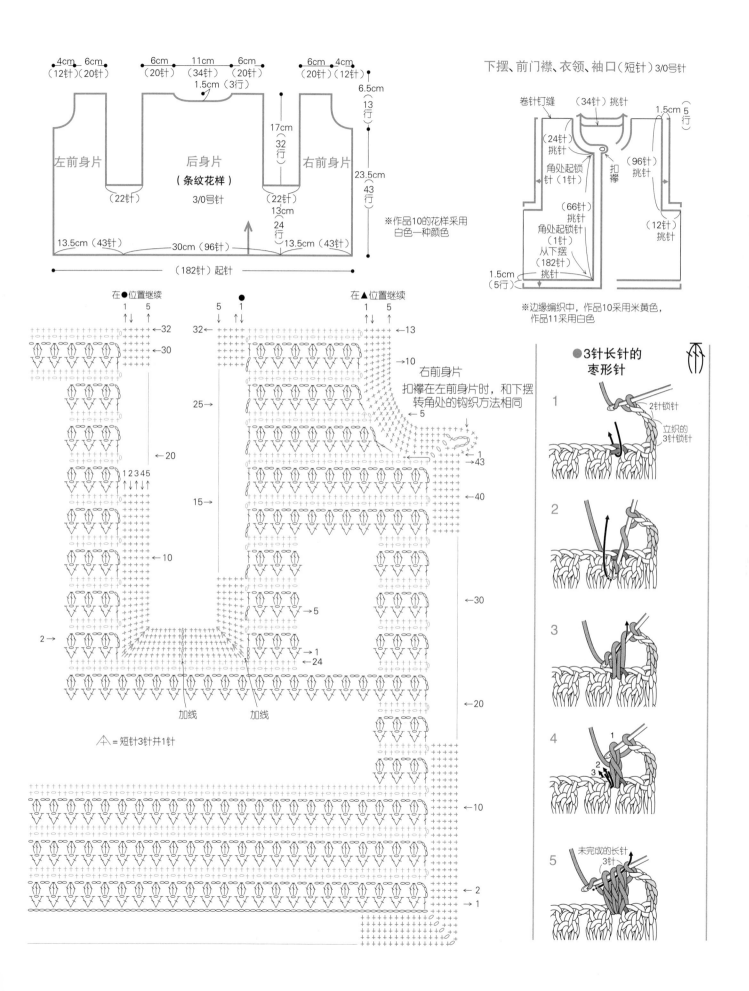

下摆、前门襟、衣领、袖口（短针）3/0号针

4cm 6cm （12针）（20针）
6cm （20针）
11cm （34针）
6cm （20针）
6cm （20针）
4cm （12针）

1.5cm（3行）

6.5cm 13行

17cm 32行

左前身片
后身片（条纹花样）3/0号针
右前身片

23.5cm 43行

（22针）
（22针）

13cm 24行

13.5cm（43针）
30cm（96针）
13.5cm（43针）

（182针）起针

※作品10的花样采用白色一种颜色

卷针钉缝
（34针）挑针
1.5cm 5行

（24针）挑针
角处起锁针（1针）
扣襻

（96针）挑针

（66针）挑针
角处起锁针（1针）
从下摆（182针）挑针

（12针）挑针

1.5cm（5行）

※边缘编织中，作品10采用米黄色，作品11采用白色

在●位置继续
1 5

● 5 1
在▲位置继续
1 5

→32
→30

←13
→10

右前身片
扣襻在左前身片时，和下摆转角处的钩织方法相同

25→
←5

←40

15→
→1
→43

1 2 3 4 5

←20

←30

←10
←24

2→
加线 加线

←20

●3针长针的枣形针

↑ ＝短针3针并1针

←10

←2
←1

1 2针锁针 立织的3针锁针

2

3

4 1 2 3

5 未完成的长针3针

12

3~12 个月

13 页

●材料和工具

使用线…和麻纳卡 PURE WOOL(M) 亮米色
（2）100g / 3 团，淡蓝色(15) 15g / 1 团

纽扣…直径18mm、11mm 各1颗

针…钩针4/0号

●成品尺寸

胸围56cm，肩背宽24cm，衣长24.5cm，袖
长19cm

●密度

10cm×10cm面积内：编织花样33针，16行

●编织重点

后身片、前身片　身片共230针锁针起针，立织
锁针3针，挑起锁针里山钩织，胁部钩17行。
右前身片、后身片、左前身片分开，不断线从左
前身片开始钩织。之后加线钩织后身片、右前
身片。

衣袖　起针要领相同。

组合　肩部对齐卷针钉缝，袖下用短针的锁针
接缝。下摆、斜门襟、衣领继续环形钩织，袖口
也环形钩织2行边缘编织。衣袖和身片卷针钉
缝。

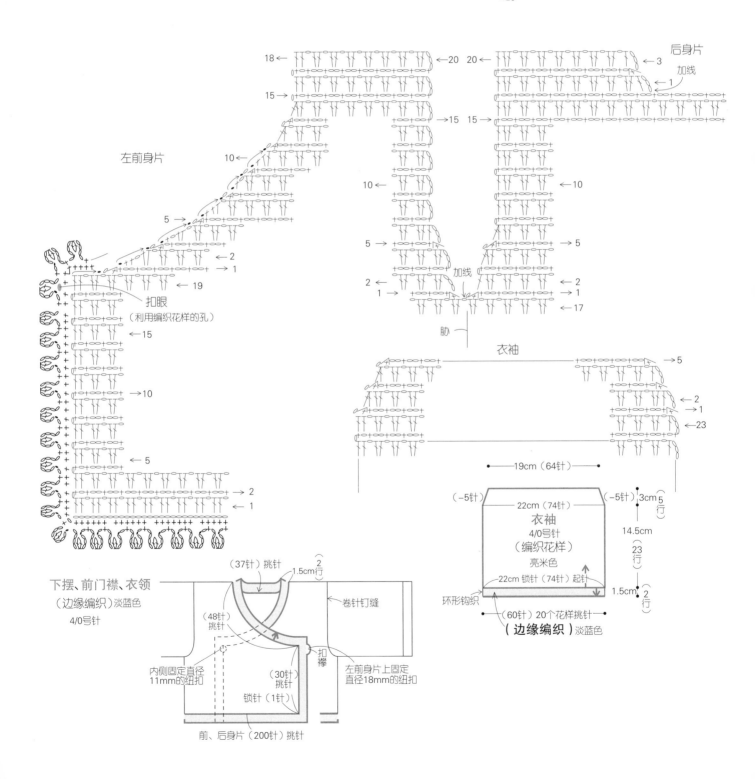

左前身片

后身片

加线

扣眼
（利用编织花样的孔）

胁

加线

衣袖

19cm（64针）

（-5针）22cm（74针）（-5针）3cm 5行

衣袖
4/0号针
（编织花样）
亮米色

14.5cm 23行

22cm 锁针（74针）起针
环形钩织

1.5cm 2行

（60针）20个花样挑针
（**边缘编织**）淡蓝色

下摆、前门襟、衣领
（边缘编织）淡蓝色
4/0号针

（37针）挑针 1.5cm 2行

卷针钉缝

（48针）挑针

扣襻

（30针）挑针
锁针（1针）

内侧固定直径
11mm的纽扣

左前身片上固定
直径18mm的纽扣

前、后身片（200针）挑针

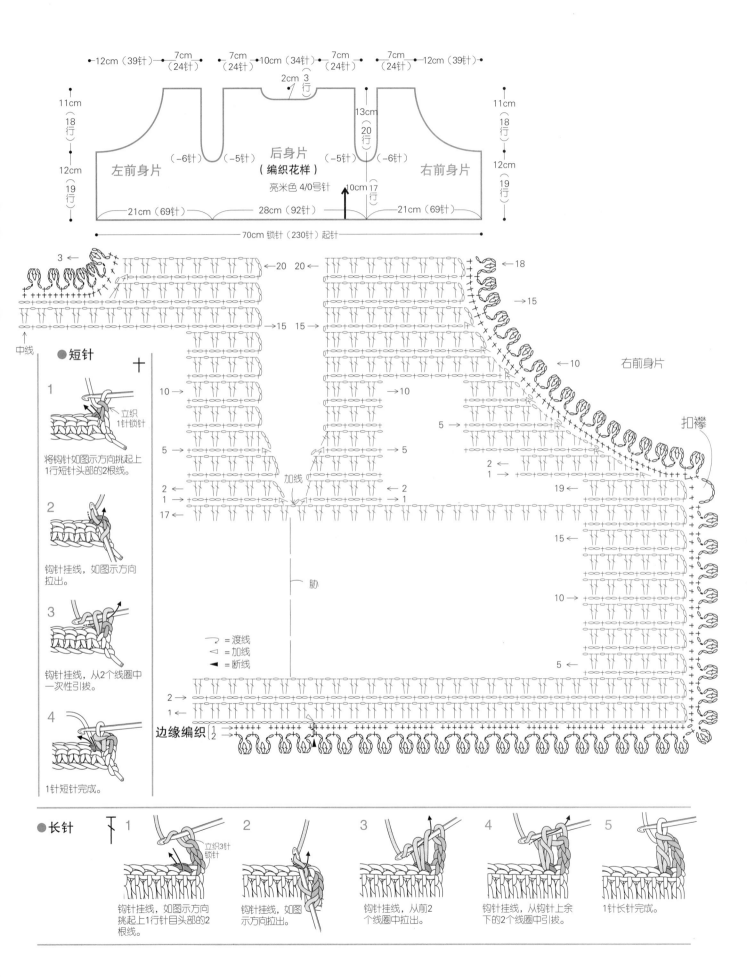

13

0~6个月

22页

●材料和工具

使用线…和麻纳卡 LOVELY BABY原白色（2）
［裙子230g，帽子35g，袜子15g］280g／7团

纽扣…直径10mm10颗

针…棒针6号，钩针5/0号

●成品尺寸

裙子：胸围53.5cm，肩背宽21cm，衣长54cm，袖长22cm

帽子：脸围36cm，深13.5cm

袜子：袜底长9cm，袜筒高9.5cm

●密度

10cm×10cm面积内：下针编织、编织花样均为20针，26行

●编织重点

裙子

裙身 从下摆开始，手指挂线起针编织编织花样26行，编织下针编织72行，编织终点参照图示一边减针一边伏针收针。

衣袖 相同与领起针编织。

组合 肩部正面相对引拔钉缝，胁、袖下挑针接缝后编织边缘编织，衣袖和身片引拔接缝。

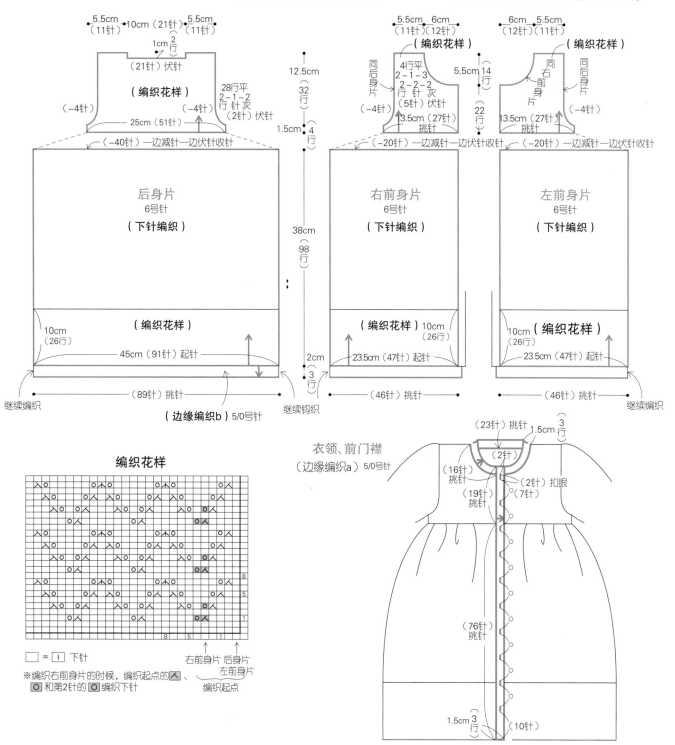

编织花样

□ = | 下针

※编织右前身片的时候，编织起点的 、 和第2针的 编织下针。

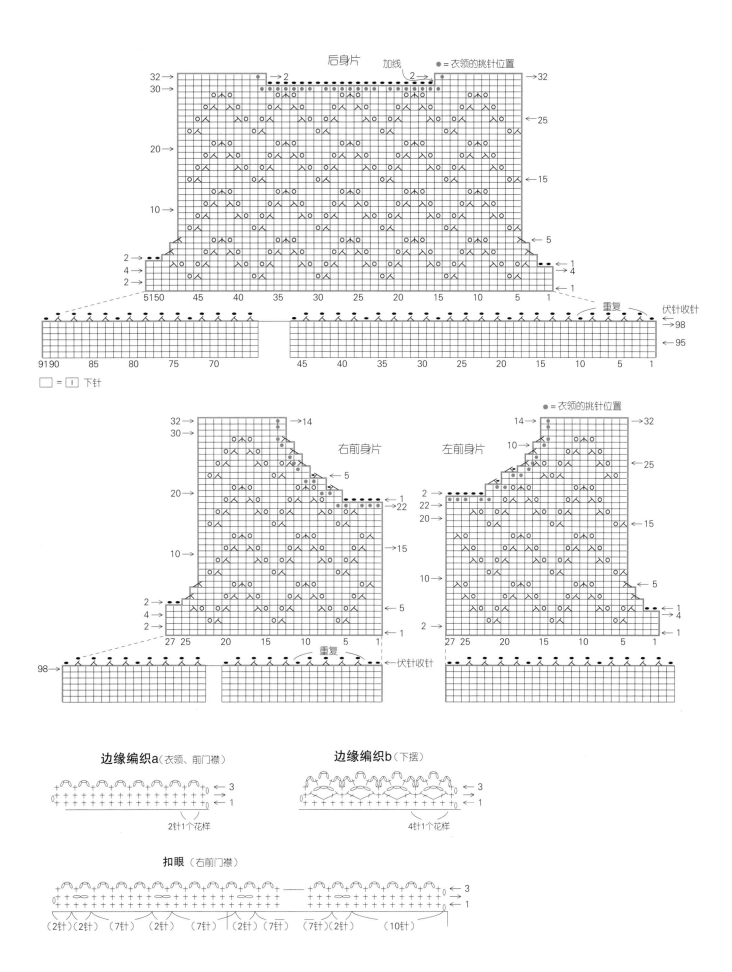

后身片

加线　　　●＝衣领的挑针位置

□＝ ⊡ 下针

右前身片　　左前身片

●＝衣领的挑针位置

边缘编织a（衣领、前门襟）

2针1个花样

边缘编织b（下摆）

4针1个花样

扣眼（右前门襟）

（2针）（2针）（7针）（2针）（7针）（2针）（7针）（7针）（2针）（10针）

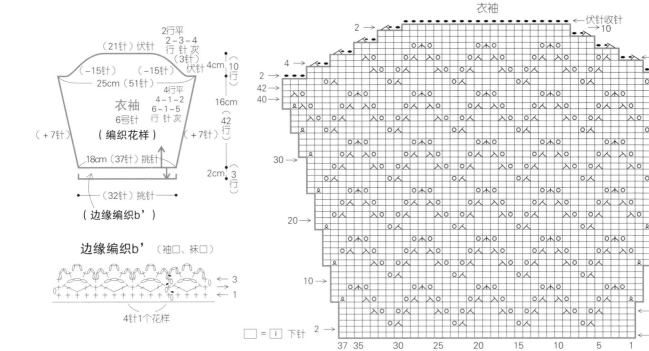

衣袖

2行平
2-3-4 行 针次
(3针)
伏针

（21针）伏针

（-15针）　　（-15针）

25cm（51针）

4行平
4-1-2
6-1-5 行 针次

4cm 10行

衣袖
6号针
（编织花样）

16cm 42行

（+7针）　　（+7针）

18cm（37针）挑针

2cm 3行

（32针）挑针

（边缘编织b'）

← 伏针收针 10

← 5

← 1 42

← 35

← 25

← 15

← 5

衣袖

2
4
2
42
40
30
20
10
2

37 35　30　25　20　15　10　5　1

□ = I 下针

边缘编织b'　（袖口、袜口）

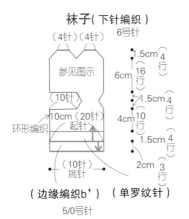

← 3
← 1

4针1个花样

●编织重点

袜子　手指挂线起针，分到3根针上环形编织。编织单罗纹针4行，下针编织为10行，脚背休针10针然后往返编织脚跟部分。然后，挑起休针针目（10针）重新环形编织。脚尖继续环形编织在两胁位置减针，余下的针目下针钉缝。在袜口环形编织边缘编织b'。

帽子　从脸围开始手指挂线起针，编织编织花样30行。然后左、右两侧各休针22针，中间剩余的23针继续编织28行，伏针收针。如图所示，22针休针和28行进行针行钉缝。脸围处编织边缘编织b，颈围处编织边缘编织c。最后穿过绳子。

袜子（下针编织）
6号针

（4针）（4针）

参见图示

（10针）

10cm（20针）起针

环形编织

（10针）挑针

（边缘编织b'）（单罗纹针）
5/0号针

1.5cm 4行

6cm 16行

1.5cm 4行

4cm 10行

1.5cm 4行

2cm 3行

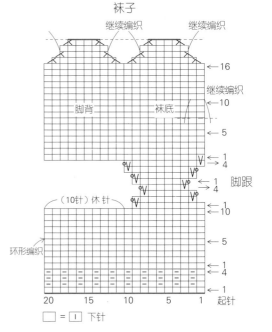

继续编织　　继续编织

← 16

继续编织

← 10

脚背　　袜底

← 5

← 1
← 4

← 1　脚跟

← 1
← 10

← 5

环形编织

← 1
← 4
← 1

20　15　10　5　1　起针

□ = I 下针

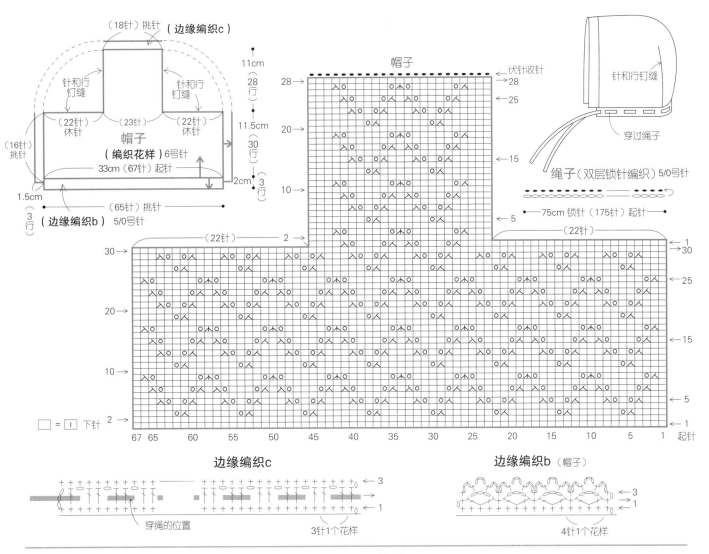

帽子

（18针）挑针 （边缘编织c）

针和行钉缝　　　针和行钉缝

（22针）休针　（23针）　（22针）休针

帽子
（编织花样）6号针

33cm（67针）起针

（16针）挑针

1.5cm

（65针）挑针

（边缘编织b）5/0号针

11cm 28行

11.5cm 30行

2cm 3行

3行

针和行钉缝

穿过绳子

绳子（双层锁针编织）5/0号针

75cm 锁针（175针）起针

伏针收针

□ = □ 下针

边缘编织c

穿绳的位置

3针1个花样

边缘编织b（帽子）

4针1个花样

14 接68页

●编织重点

袜子 手指挂线起针,如图示进行编织,挑针接缝成环状。装饰绳在指定位置穿过。

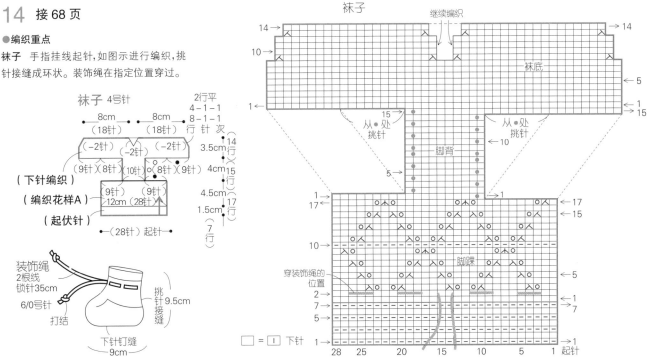

袜子 4号针

8cm（18针）　8cm（18针）

（-2针）　（-2针）　（-2针）

（下针编织）

（9针）（8针）（10针）（8针）（9针）

（编织花样A）

（9针）　　（9针）

（起伏针）

12cm（28针）

（28针）起针

2行平
4-1-1
8-1-1
行 针 次

3.5cm 14行
4cm 15行
4.5cm 17行
1.5cm 7行

装饰绳
2根线
锁针35cm
6/0号针

打结

下针钉缝
9cm

挑针9.5cm接缝

袜子

继续编织

袜底

脚背

从●处挑针

脚踝

穿装饰绳的位置

□ = □ 下针

14

0~6个月

24页

●材料和工具

使用线…和麻纳卡 CUPID 白色(1)[礼裙
180g，帽子30g，袜子20g，手套10g]
240g／6 团

纽扣…直径12mm8颗

针…棒针4号、3号，钩针6/0 号

●成品尺寸

礼裙：胸围62cm，衣长51cm，连肩袖长31cm

帽子：脸围36cm，深13cm

袜子：袜底长9.5cm，袜筒高10cm

手套：掌围12cm，长8cm

●密度

10cm×10cm面积内：编织花样 A、B 均为22针，
38行（4号针）

●编织重点

礼裙 从下摆、袖口开始，手指挂线起针，参照图示
编织。编织方法、接缝方法、衣领的挑针方法参见
32~39页。袖口的装饰绳在针目间隙中穿过。

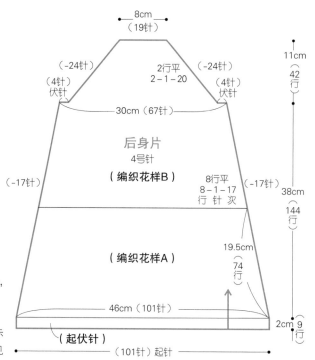

8cm
（19针）

（-24针）　2行平　（-24针）
　　　　　 2-1-20
（4针）　　　　　　（4针）
伏针　　　　　　　伏针

30cm（67针）

后身片
4号针

（编织花样B）

11cm
（42行）

（-17针）　　　8行平　（-17针）
　　　　　　8-1-17
　　　　　　行 针 次

38cm
（144行）

（编织花样A）

19.5cm
（74行）

46cm（101针）

2cm
（9行）

（起伏针）

（101针）起针

●**袜子参见67页**

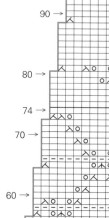

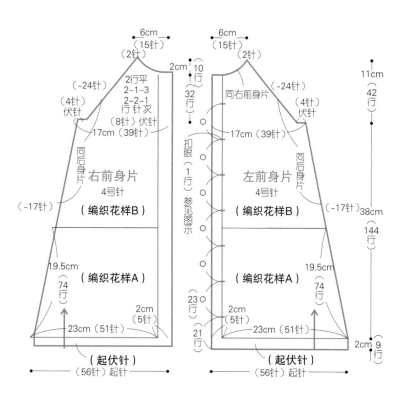

6cm　　　　　6cm
（15针）　　　（15针）
（2针）　　　（2针）

2cm
10
行

（-24针）　2行平　　　　　　　　　（-24针）
　　　　　2-1-3
（4针）　　2-2-1　同右前身片　（4针）
伏针　　　行 针 次　　　　　　　伏针
　　　　（8针）伏针

17cm（39针）　　　17cm（39针）

32
行

右前身片　　　　**左前身片**
4号针　　　　　　　4号针

扣眼
（1）
行
参
见
图
示

（编织花样B）　　　（编织花样B）

（-17针）　　　　　　　　　　　　（-17针）

11cm
（42行）

38cm
（144行）

19.5cm　　　　　　　　　19.5cm
（74行）　　　　　　　　　（74行）

（编织花样A）　　　（编织花样A）

23cm（51针）　　　23cm（51针）

2cm
（5针）　　2cm　　2cm　　　　　　2cm
　　　　（5针）　（5针）　　　　（5针）

23
行

21
行

2cm
（9行）

（起伏针）　　　　（起伏针）

（56针）起针　　　（56针）起针

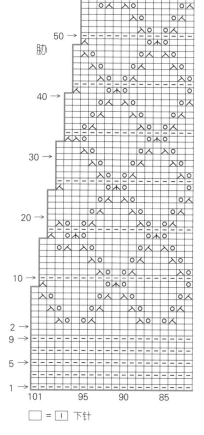

□ = Ｉ 下针

后身片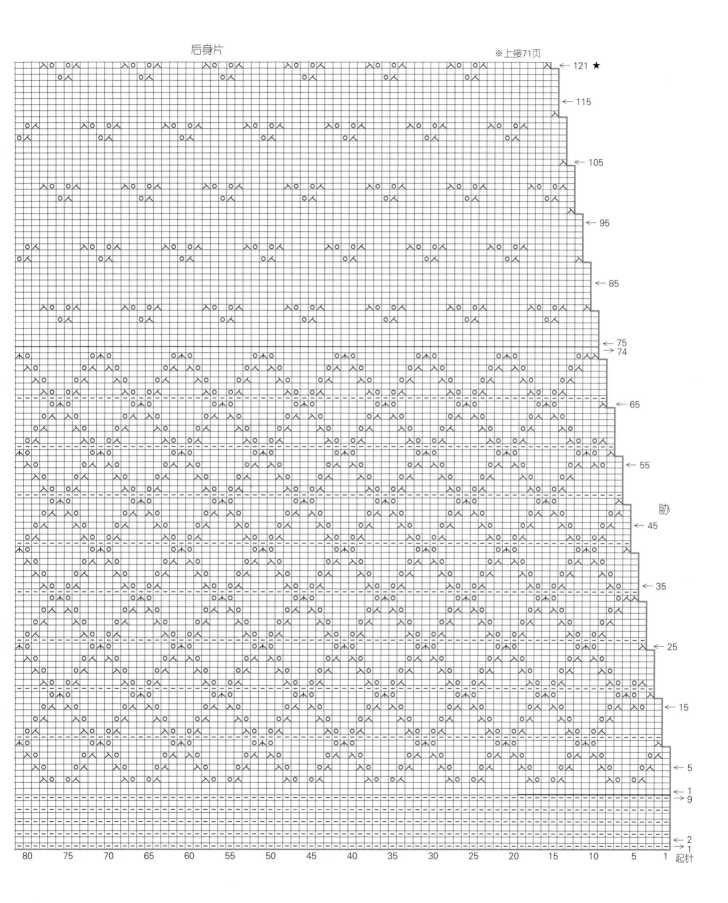

※上接71页

← 121 ★
← 115
← 105
← 95
← 85
← 75
→ 74
← 65
← 55
肋
← 45
← 35
← 25
← 15
← 5
← 1
→ 9
← 2
← 1

80   75   70   65   60   55   50   45   40   35   30   25   20   15   10   5   1   起针

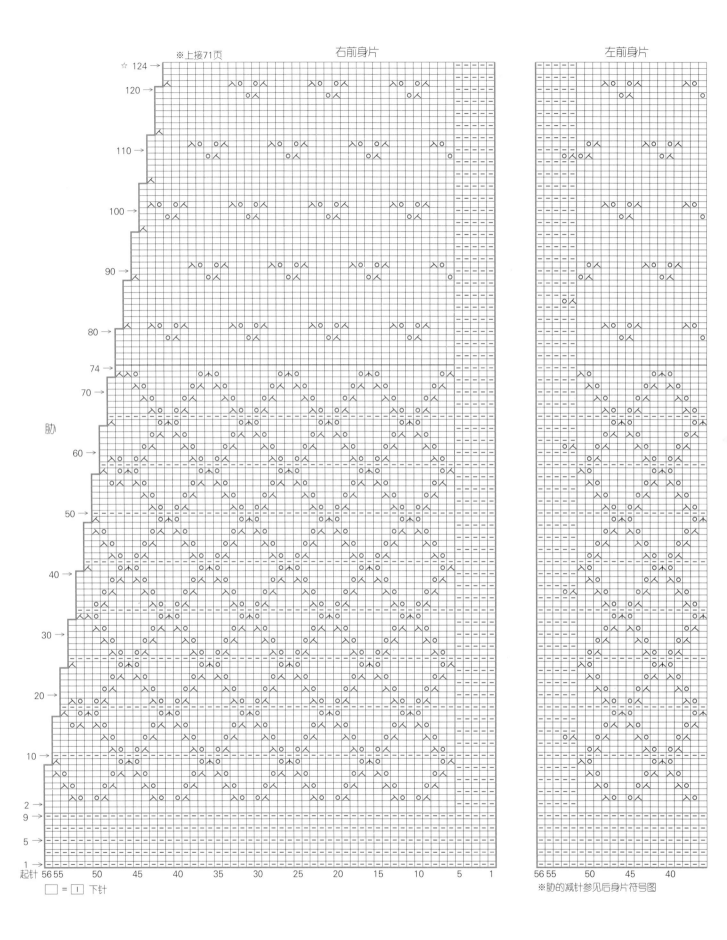

※上接71页

右前身片

左前身片

※肋的减针参见后身片符号图

□ = 1 下针

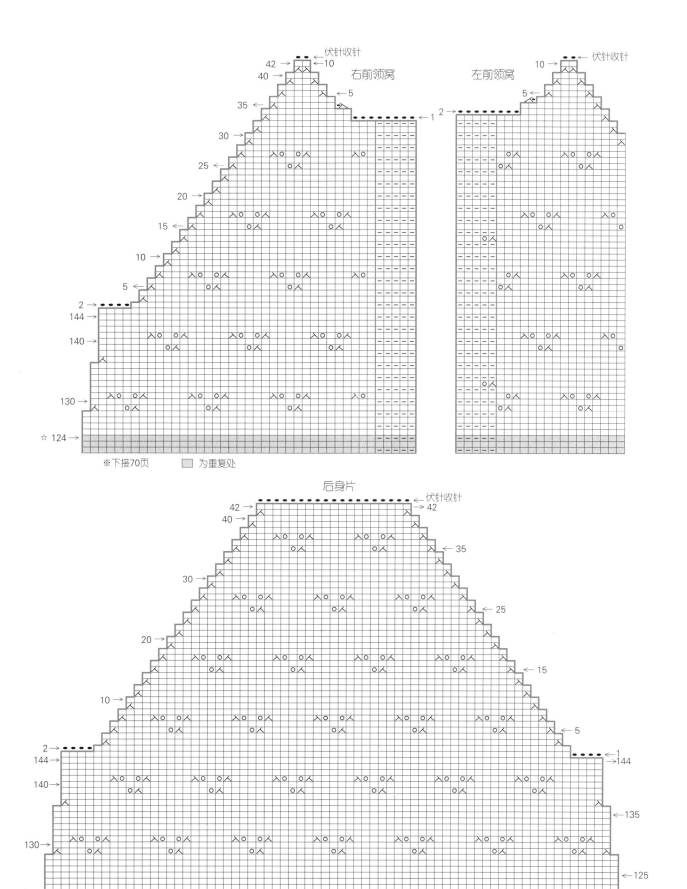

伏针收针
42 ← 10
40
右前领窝   左前领窝   10 伏针收针
35   5
30   5   2
25   1
20
15
10
5
2
144
140
130
☆ 124 →

※下接70页   为重复处

后身片
伏针收针
42   42
40
35
30   25
20   15
10
5
2   1
144   144
140   135
130   125
121   121 ★
120

※下接69页   为重复处

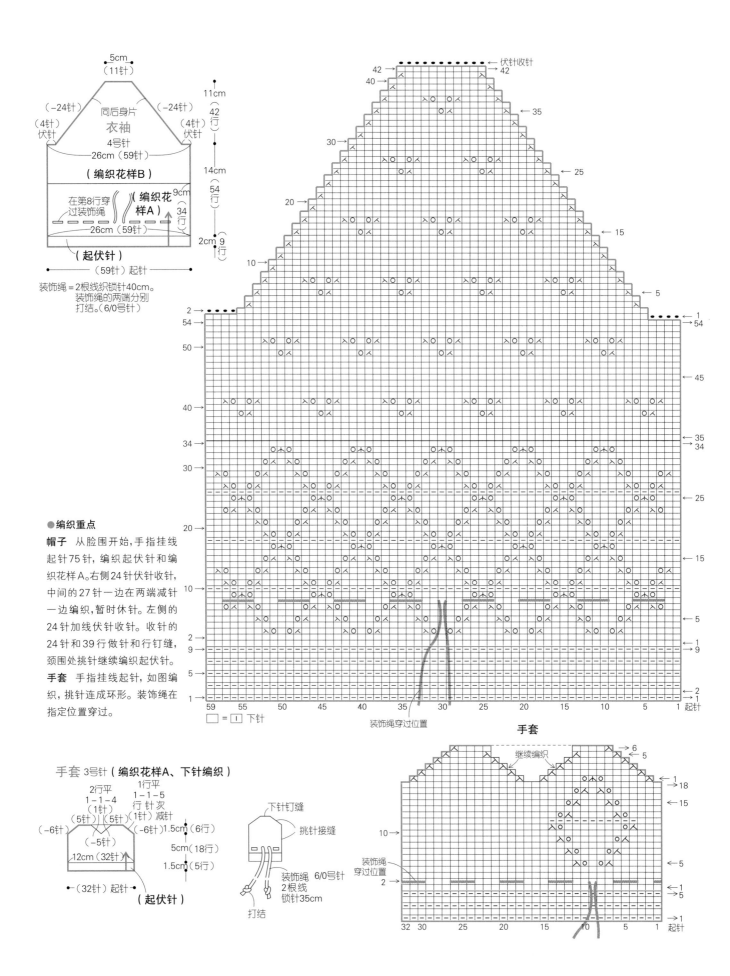

5cm
（11针）

（-24针）　同后身片　（-24针）
（4针）　　衣袖　　（4针）
伏针　　4号针　　伏针
26cm（59针）
（编织花样B）

11cm
42行

14cm
54行

在第8行穿
过装饰绳　（编织花样A）
9cm
34行
26cm（59针）

2cm 9行

（起伏针）

（59针）起针

装饰绳=2根线织锁针40cm。
装饰绳的两端分别
打结。（6/0号针）

●编织重点

帽子 从脸围开始，手指挂线
起针75针，编织起伏针和编
织花样A。右侧24针伏针收针，
中间的27针一边在两端减针
一边编织，暂时休针。左侧的
24针加线伏针收针。收针的
24针和39行做针和行钉缝，
颈围处挑针继续编织起伏针。

手套 手指挂线起针，如图编
织，挑针连成环形。装饰绳在
指定位置穿过。

伏针收针

□ = 下针

装饰绳穿过位置

手套 3号针（编织花样A、下针编织）

2行平
1-1-4
（1针）
（5针）　（5针）
（-6针）　　（-6针）1.5cm（6行）
（-5针）
12cm（32针）
5cm（18行）
1.5cm（5行）

1行平
1-1-5
行 针 次
（1针）减针

（32针）起针

（起伏针）

下针钉缝
挑针接缝
装饰绳 6/0号针
2根线
锁针35cm
打结

手套

继续编织
装饰绳穿过位置
起针

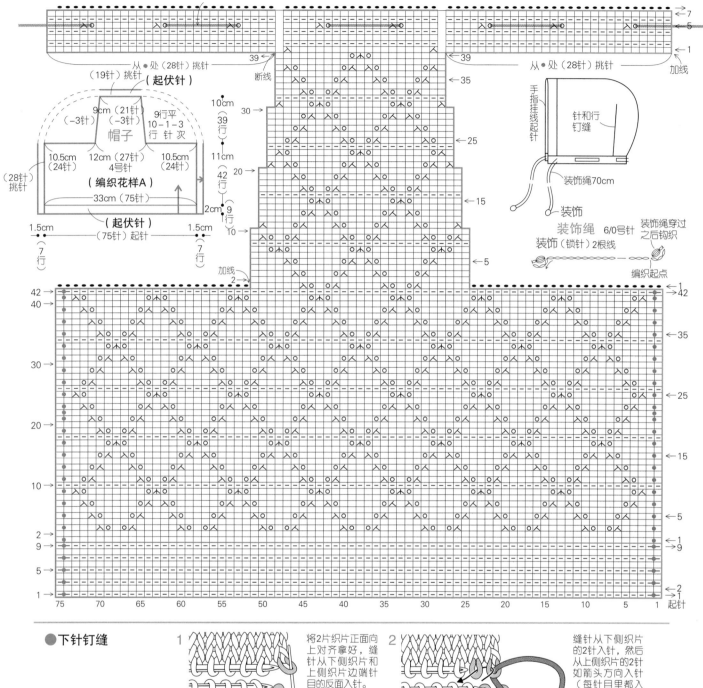

装饰绳穿过位置

从 • 处（28针）挑针　　（19针）挑针　　从 • 处（28针）挑针

断线　　加线

（起伏针）

9cm（21针）（－3针）　9行平　10cm
帽子　　9cm（21针）（－3针）　10－1－3　行 针 次

10.5cm（24针）　12cm（27针）4号针　10.5cm（24针）

（28针）挑针　　（编织花样A）　　11cm

33cm（75针）

（起伏针）

2cm 9行

1.5cm（7行）　　（75针）起针　　1.5cm（7行）

加线

手指挂线起针

针和行钉缝

装饰绳70cm

装饰

装饰绳　6/0号针
装饰（锁针）2根线

装饰绳穿过之后钩织

编织起点

● 下针钉缝

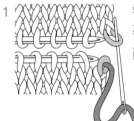

1　将2片织片正面向上对齐拿好，缝针从下侧织片和上侧织片边端针目的反面入针。

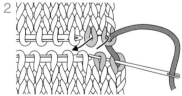

2　缝针从下侧织片的2针入针，然后从上侧织片的2针如箭头方向入针（每针目里都入针2次）。

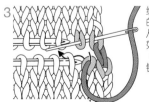

3　缝针从上侧织片的2针入针，然后从下侧织片如箭头方向入针（每针目里都入针2次）。

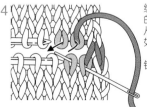

4　缝针从下侧织片的2针入针，然后从上侧织片的2针如箭头方向入针（每针目里都入针2次）。

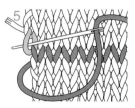

5　最后从下侧织片向上侧织片入针。

16、17

0~12 个月

26 页

●材料和工具

使用线…和麻纳卡 LOVELY BABY 16 原白色(2)
140g／4 团，17 橙红色(5) 100g／3 团
针…棒针 6 号、5 号，钩针 5/0 号

●成品尺寸

16：胸围62cm，肩背宽23cm，衣长31cm，
袖长19cm

17：胸围62cm，肩背宽23cm，衣长31cm

●密度

10cm×10cm面积内：编织花样A、B均为21
针，28行

●编织重点(作品17)

后身片、前身片　手指挂线起针，下摆处起伏
针用5号针，编织花样A、B，袖窿、斜门襟、
领的起伏针用6号针。前领窝从编织花样和
起伏针的中间减针，接着右前身片继续钩织后
领，钩织40行起伏针。

组合　肩部引拔钉缝，两胁挑针接缝，右前身
片继续编织的后领用针和行钉缝，装饰绳固
定在指定位置。

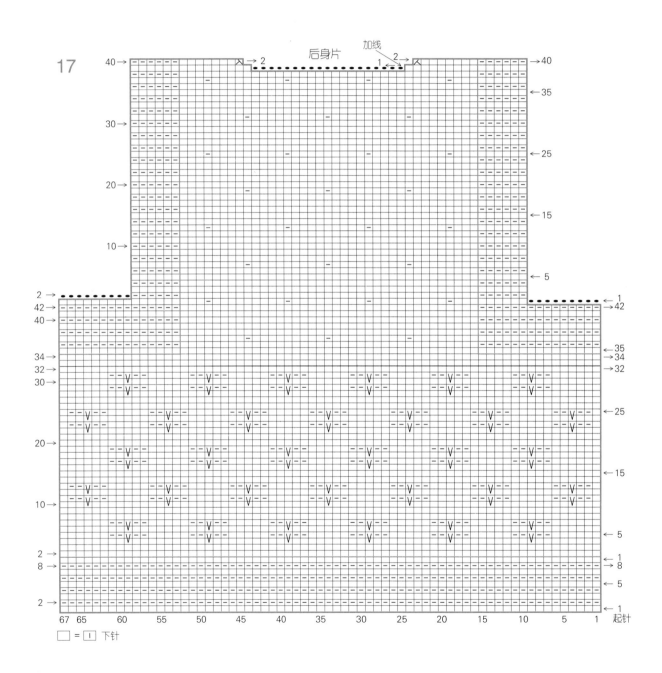

□ = |工| 下针

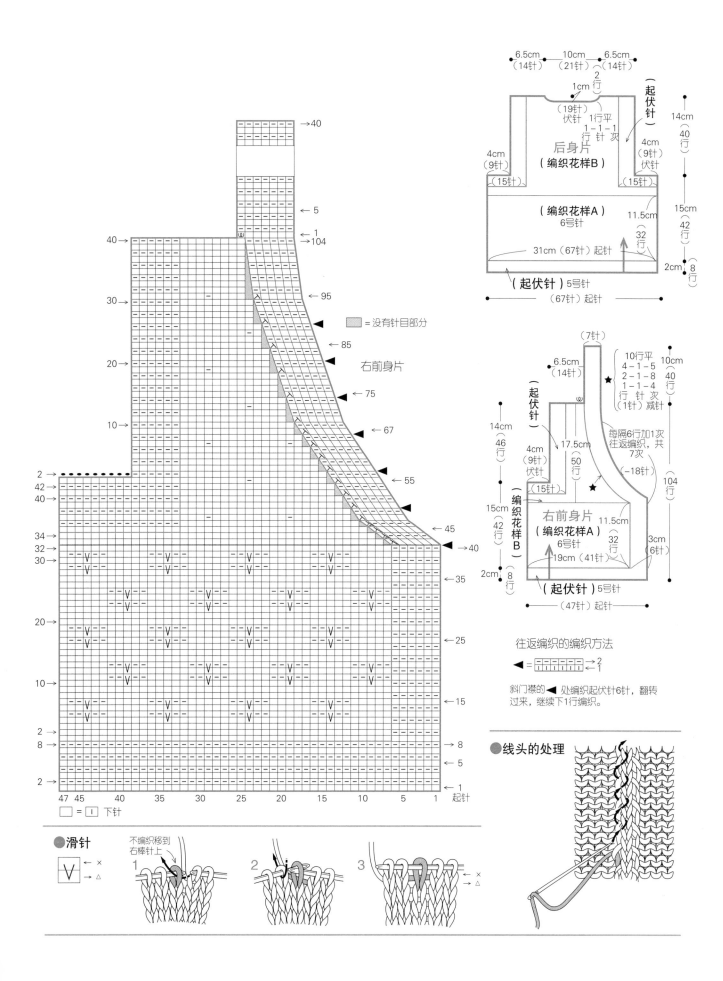

后身片
（编织花样B）
（编织花样A）6号针
（起伏针）5号针

右前身片

右前身片
（编织花样A）6号针
（编织花样B）
（起伏针）5号针

= 没有针目部分

往返编织的编织方法

斜门襟的◀处编织起伏针6针，翻转过来，继续下1行编织。

□ = [|] 下针

●滑针

不编织移到右棒针上

●线头的处理

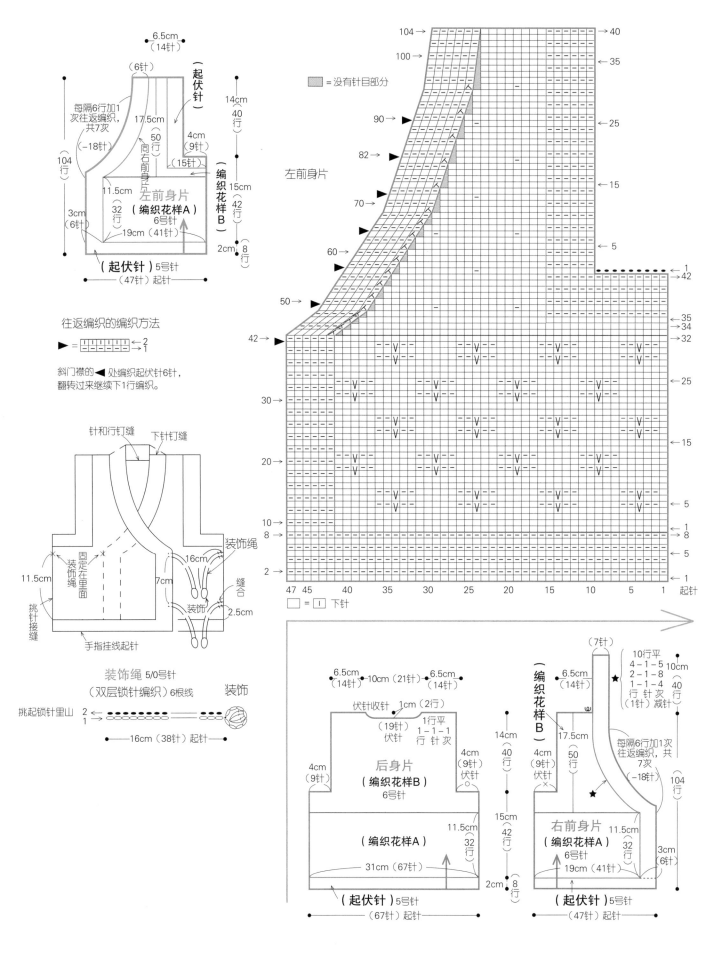

左前身片

往返编织的编织方法

▶ = □□□□□□□□ ←2
        →1

斜门襟的 ◀ 处编织起伏针6针，
翻转过来继续下1行编织。

□ = ① 下针

装饰绳 5/0号针
（双层锁针编织）6根线

装饰

挑起锁针里山

2 ○○○○○○○○○○○○○○○○○○○○○
1 ○○○○○○○○○○○○○○○○○○○○○

← 16cm（38针）起针 →

= 没有针目部分

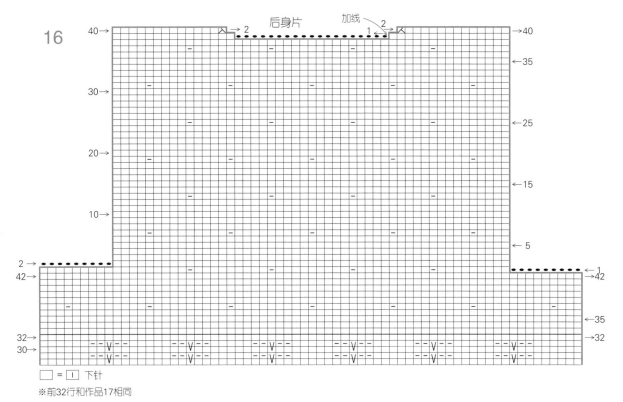

16

后身片

加线

□ = Ⅰ 下针

※前32行和作品17相同

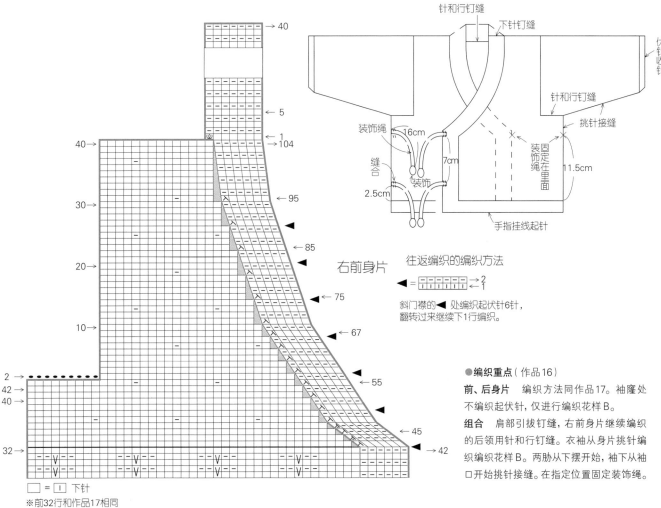

右前身片

往返编织的编织方法

◀ = □□□□□□□□ →2
　　　　　　　　←1

斜门襟的◀处编织起伏针6针，
翻转过来继续下1行编织。

□ = Ⅰ 下针

※前32行和作品17相同

●编织重点（作品16）

前、后身片　编织方法同作品17。袖窿处
不编织起伏针，仅进行编织花样B。

组合　肩部引拔钉缝，右前身片继续编织
的后领用针和行钉缝。衣袖从身片挑针编
织编织花样B。两肋从下摆开始，袖下从袖
口开始挑针接缝。在指定位置固定装饰绳。

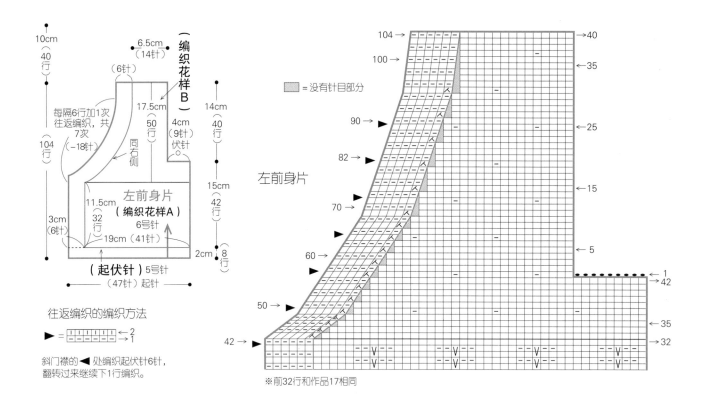

10cm
（40行）

6.5cm（14针）

（编织花样B）

（6针）

每隔6行加1次往返编织，共7次（-18针）

同右侧

17.5cm 50行

14cm 40行

4cm（9针）伏针

104行

左前身片
（编织花样A）
6号针

11.5cm 32行

3cm（6针）

19cm（41针）

15cm 42行

2cm 8行

2cm

（起伏针）5号针
（47针）起针

往返编织的编织方法

▶ = ↩2
↪1

斜门襟的◀处编织起伏针6针，翻转过来继续下1行编织。

☐ = 没有针目部分

左前身片

104→
100→
90→
82→
70→
60→
50→
42→

40
35
25
15
5
1
42
35
32

※前32行和作品17相同

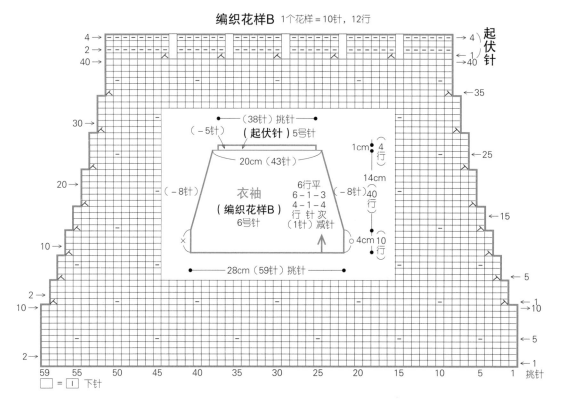

编织花样B 1个花样=10针，12行

起伏针

（38针）挑针

（-5针）

（起伏针）5号针

20cm（43针）

衣袖
（编织花样B）
6号针

（-8针）

6行平
6-1-3
4-1-4
行 针 次
（1针）减针

1cm 4行

14cm 40行

4cm 10行

28cm（59针）挑针

☐ = ｜ 下针

挑针

18

0~12 个月

27页

●材料和工具

使用线…和麻纳卡 CUPID原白色(6)[上衣
140g，帽子30g] 170g／5团

纽扣…直径13mm6颗

针…棒针4号、3号，钩针5/0号

●成品尺寸

上衣　胸围62cm，衣长31cm，插肩袖长31cm

帽子　脸围36cm，深13cm

●密度

10cm×10cm面积内：编织花样A为25针，40
行；编织花样B为25针，37行；编织花样C为

40行

●编织重点

上衣

后身片、前身片　从下摆开始手指挂线起针，第
2行当作正面如图编织。插肩线在编织花样B
和编织花样C之间减针。

衣袖　相同要领起针开始编织。

组合　身片和衣袖的插肩线、两胁、袖下用挑针
接缝。衣领从身片挑针编织起伏针9行，编织
终点从反面伏针收针。在右前门襟上缝上纽
扣。

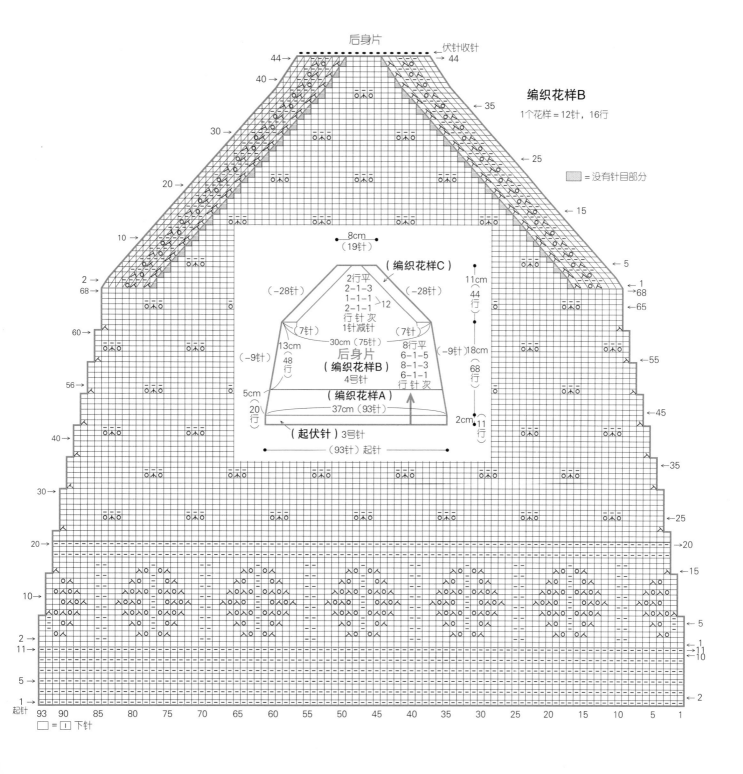

编织花样B

1个花样 = 12针，16行

▨ = 没有针目部分

□ = [I] 下针

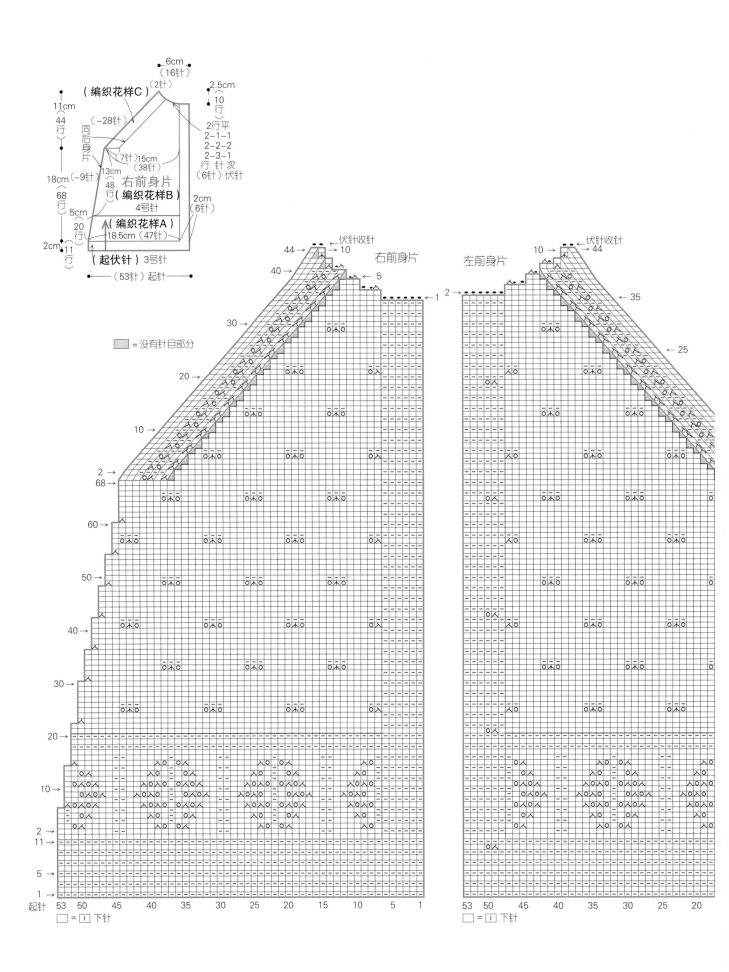

右前身片

左前身片

（编织花样C）（2针）

6cm（16针）

2.5cm 10行

11cm 44行

同后身片

（-28针）

（7针）15cm（38针）

2行平
2-1-1
2-2-2
2-3-1
行 针 次
（6针）伏针

18cm（-9针）

13cm

右前身片
（编织花样B）
4号针

48行

2cm（6针）

5cm 20行

（编织花样A）
18.5cm（47针）

2cm 11行

（起伏针）3号针

（53针）起针

= 没有针目部分

伏针收针

44 →
40 →
30 →
20 →
10 →
2 →
68
60 →
50 →
40 →
30 →
20 →
10 →
2 →
11 →
5 →
1

→ 10
← 5
← 1

右前身片

左前身片

2 →

伏针收针
10 → → 44
← 35
← 25

起针 53 50 45 40 35 30 25 20 15 10 5 1

53 50 45 40 35 30 25 20

□ = ① 下针

□ = ① 下针

80

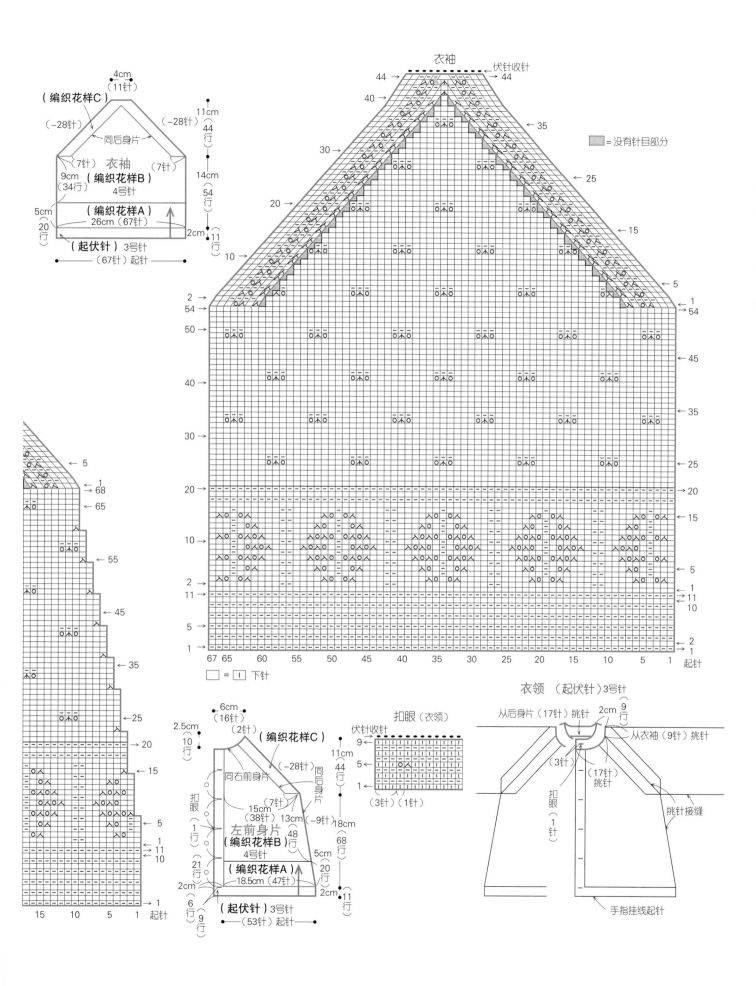

衣袖

（编织花样C）
4cm（11针）
（-28针）（-28针）
同后身片
（7针）（7针）
衣袖
9cm（34行）（编织花样B）4号针
（编织花样A）
26cm（67针）
5cm（20行）
（起伏针）3号针
（67针）起针

11cm 44行
14cm 54行
2cm 11行

伏针收针
44 44
40
35
30 → ← 35
← 25
20 → ← 15
10 → ← 5
2 → ← 1
54 → → 54
50 → ← 45
40 → ← 35
30 → ← 25
20 → ← 20
← 15
10 → ← 5
2 → ← 1
11 → → 11
10
5 → ← 2
1 → → 1
67 65 60 55 50 45 40 35 30 25 20 15 10 5 1 起针

□ = I 下针

= 没有针目部分

← 5
← 1
→ 68
← 65
← 55
← 45
← 35
← 25
← 20
← 15
← 5
→ 11
10
← 1
15 10 5 1 起针

6cm（16针）
2.5cm（10行）
（2针）
（编织花样C）
同右前身片 同右前身片
（-28针）
（7针）
15cm（38针）（-9针）
13cm
扣眼
左前身片
（编织花样B）48
4号针
（编织花样A）
18.5cm（47针）
21行
扣眼1行
2cm
6行 9行
（起伏针）3号针
（53针）起针
2cm
11cm 44行
18cm 68行
5cm 20行
2cm 11行

扣眼（衣领）
伏针收针
9
5
1
（3针）（1针）

衣领（起伏针）3号针

从后身片（17针）挑针
2cm 9行
从衣袖（9针）挑针
（3针）
（17针）挑针
扣眼（1针）
挑针接缝
挑针接缝
手指挂线起针

81

●编织重点

帽子 脸围开始手指挂线起针,如图示编织完编织花样的42行。将边上的26针移到另1根针上,休针,在1根新的针上起1针卷针,中间31针挑针,再起1针卷针,如图示编织38行。然后休针针目和38行采用针和行钉缝。颈围挑针编织起伏针,第5行做出装饰绳穿过位置。制作装饰绳,穿过所留绳孔。

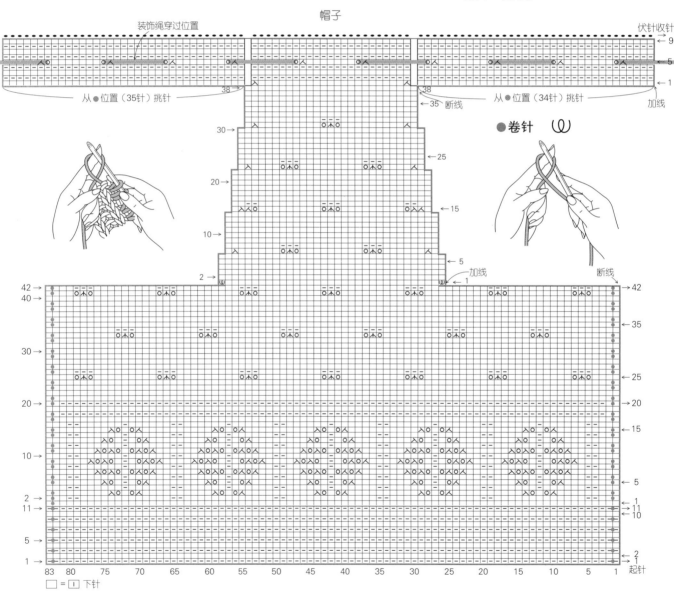

帽子

●卷针 ⌒

装饰 装饰绳 5/0号针 装饰绳穿过之后钩织
编织起点 （锁针） 2根线

70cm锁针（150针）起针

□ = □ 下针

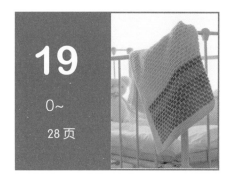

19

0～

28页

●材料和工具

使用线…和麻纳卡 ORGANIC WOOL FIELD
原白色(1)180g／5团,粉色(7)15g、蓝色(5)
10g、草绿色(3) 5g、亮绿色(4)少许/各1团
针…棒针5号、4号

●成品尺寸

宽60cm,长62cm

●密度

10cm×10cm面积内：编织花样、条纹花样均
为24.5针,40行

●编织重点

用原白色线手指挂线起针,用4号针编织起伏
针10行。接下来,换用5号针,参照配色图示
编织条纹花样,两侧使用原白色线编织起伏
针7针。在起伏针的内侧纵向渡线,与配色线
交叉后,完成换色。编织花样左右的起伏针
和编织花样相同,采用5号针编织。从第57
行开始只用原白色线编织编织花样,编织终
点伏针收针。

●编织图见59页

| | =原白色 | =粉色 | =蓝色 | =草绿色 | =亮绿色 |

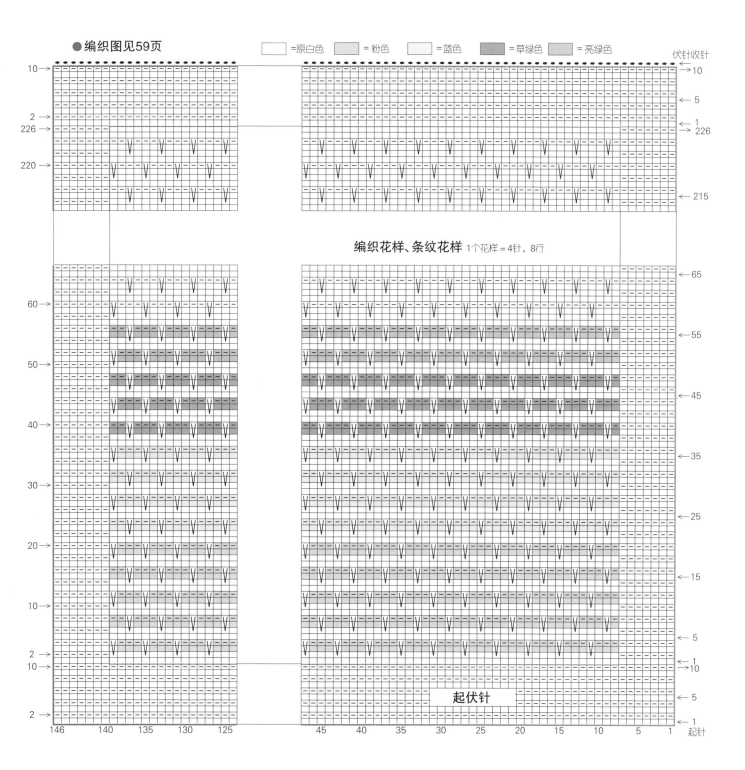

编织花样、条纹花样 1个花样＝4针, 8行

起伏针

20、21

6~12个月

29页

● **材料和工具**

使用线…和麻纳卡 LOVELY BABY

20：粉色（4）［连体衣60g，开衫100g］160g/4团，原白色（2）［连体衣50g，开衫20g］70g/2团

21：蓝色（6）［连体衣60g，开衫20g］80g/2团，原白色（2）［连体衣50g，开衫100g］150g/4团

纽扣…直径15mm2颗，直径12mm10颗

针…棒针6号、5号

● **成品尺寸**

连体衣：胸围54cm，肩背宽23cm，衣长33.5cm

开衫：胸围61.5cm，肩背宽26cm，衣长27.5cm，袖长18.5cm

● **密度**

10cm×10cm面积内：编织花样A为21针，30行；编织花样B为22针，28行

● **编织重点**

连体衣

后身片、前身片 起伏针变换位置另线锁针起针，挑起锁针里山编织编织花样A。腿根处的加针，1针时挑起1针内侧的渡线织扭针加针，2针以上时织卷针加针。胁部整体编织，至开始编织花样B时，如图示在3个位置织挂针和扭针加针以加针。后身片如图编织，前身片编织38行，肩部继续编织6行起伏针，做出扣眼。下裆部位的起伏针挑起另线锁针编织。

组合 胁挑针接缝。领口、袖口、腿根挑针编织起伏针6行，编织终点伏针收针。

开衫 另线锁针起针如图编织。袖口挑起另线锁针编织起伏针，编织终点伏针收针。

组合 肩部正面相对对齐盖针钉缝，胁、袖下挑针接缝。下摆的起伏针以和袖口相同的要领编织。领口、前门襟挑针编织起伏针，衣袖和身片引拔接缝。

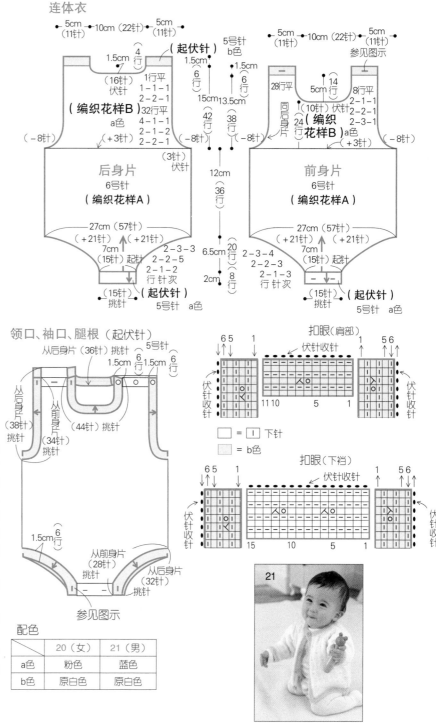

连体衣

领口、袖口、腿根（起伏针）

配色

	20（女）	21（男）
a色	粉色	蓝色
b色	原白色	原白色

扣眼（肩部）

扣眼（下裆）

□ = ｜ 下针

▨ = b色

21

● **卷针加针**

左侧　　右侧

食指挂线，如图示入针，食指退出。　　食指挂线，如图示入针，食指退出。

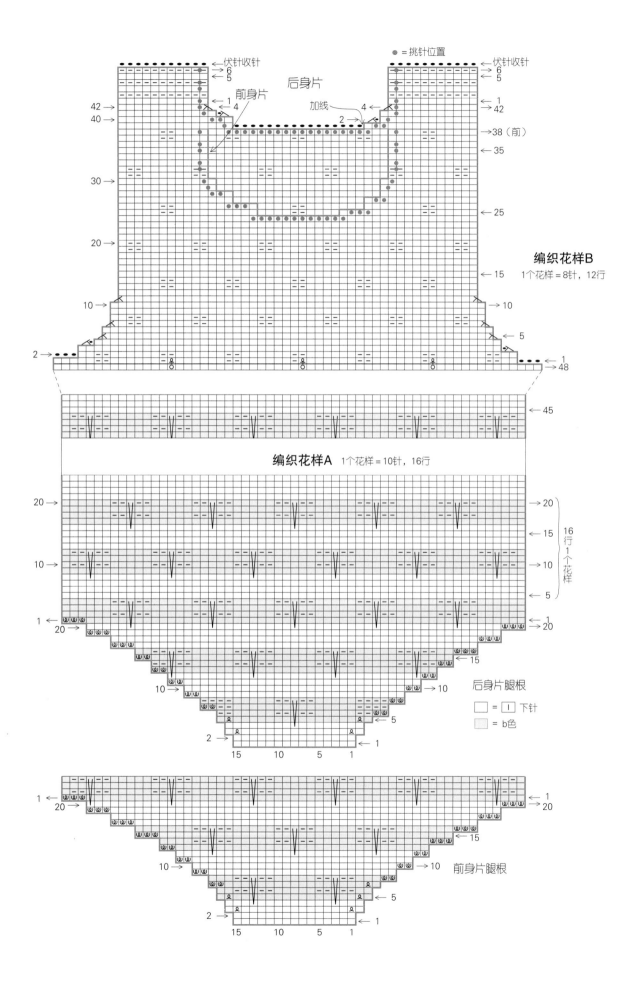

伏针收针
→6
←5
←1
←4
42→
40→
前身片
后身片
加线
4
2
伏针收针
→6
←5
←1
→42
●=挑针位置

→38（前）
←35
30→
→30
25→←25

编织花样B
1个花样＝8针，12行

20→
←15
→10
←5
10→
→10
2→←1
→48

←45

编织花样A 1个花样＝10针，16行

20→→20
←15
10→→10
←5
1→→20
20→→20
←15
10→→10
←5
→20

16行1个花样

后身片腿根
□＝Ⅰ 下针
▨＝b色

2→←1
15 10 5 1

1→→1
20→→20
←15
10→→10
←5
2→←1
15 10 5 1

前身片腿根

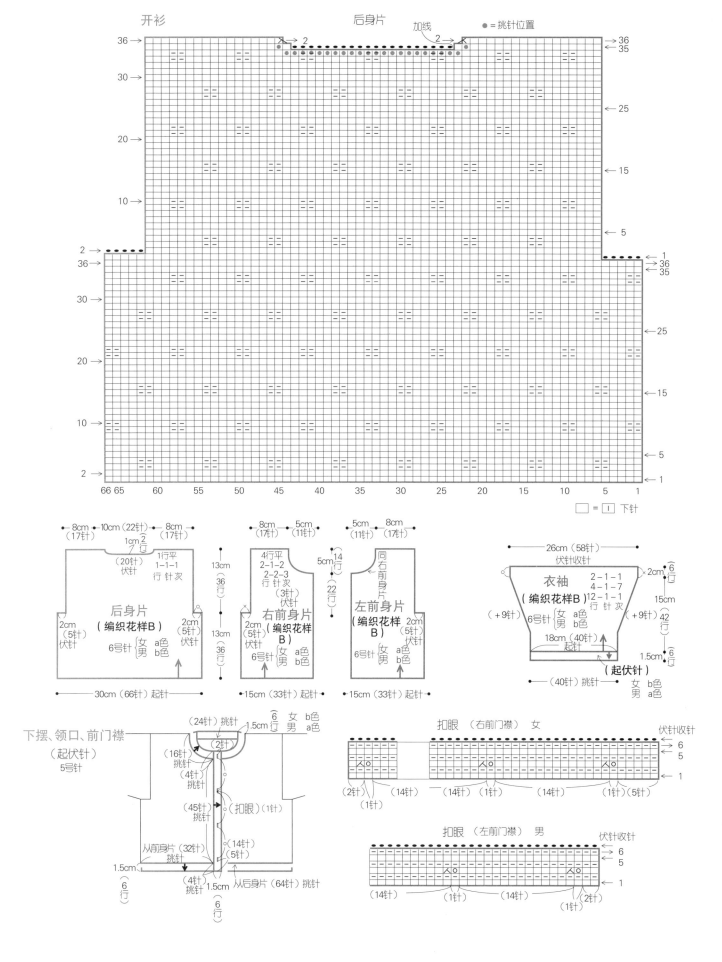

● = 领口、前门襟挑针位置

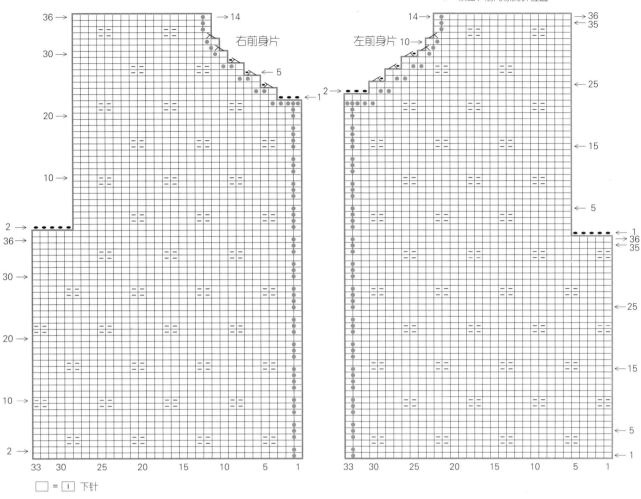

右前身片

左前身片

□ = □ 下针

衣袖

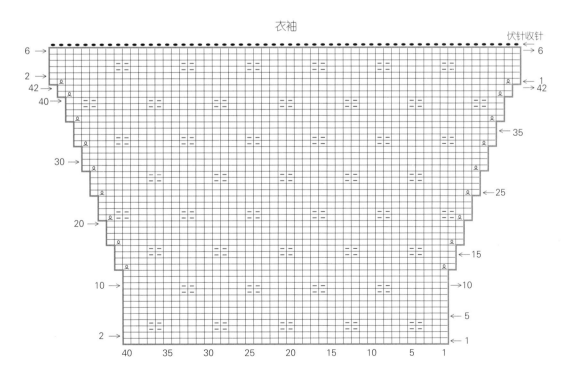

22

6~12 个月

30 页

● 材料和工具

使用线…和麻纳卡 LOVELY BABY 奶油色(3)
[背带裤110g, 开衫20g]130g / 4 团, 白色(1)
110g / 3 团
附属品…直径13mm 的纽扣 7 颗, 直径15mm
的纽扣 1 颗, 宽 25mm 的松紧带 50cm
针…棒针 6 号、5 号

● 成品尺寸

背带裤：体围62cm, 裤长27cm
开衫：胸围64cm, 肩背宽24cm, 衣长28cm,
袖长19cm

● 密度

10cm×10cm 面积内：下针编织 20 针, 27 行；
桂花针 20 针, 34 行

● 编织重点

背带裤

松紧带对折处开始手指挂线起针编织。腿根
处伏针减针, 减针之后休针。护胸从指定位置
挑针编织, 胁挑针接缝。腿根、下裆处挑针编
织起伏针。

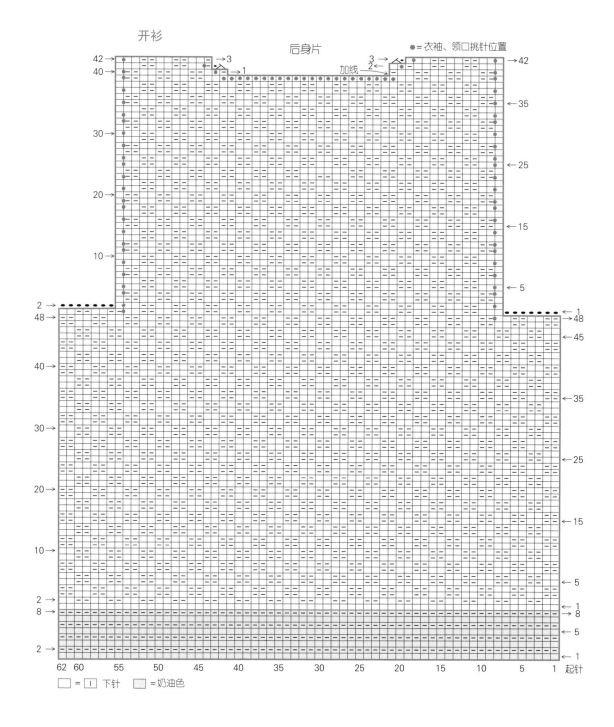

□ = ｜ 下针   ▨ = 奶油色

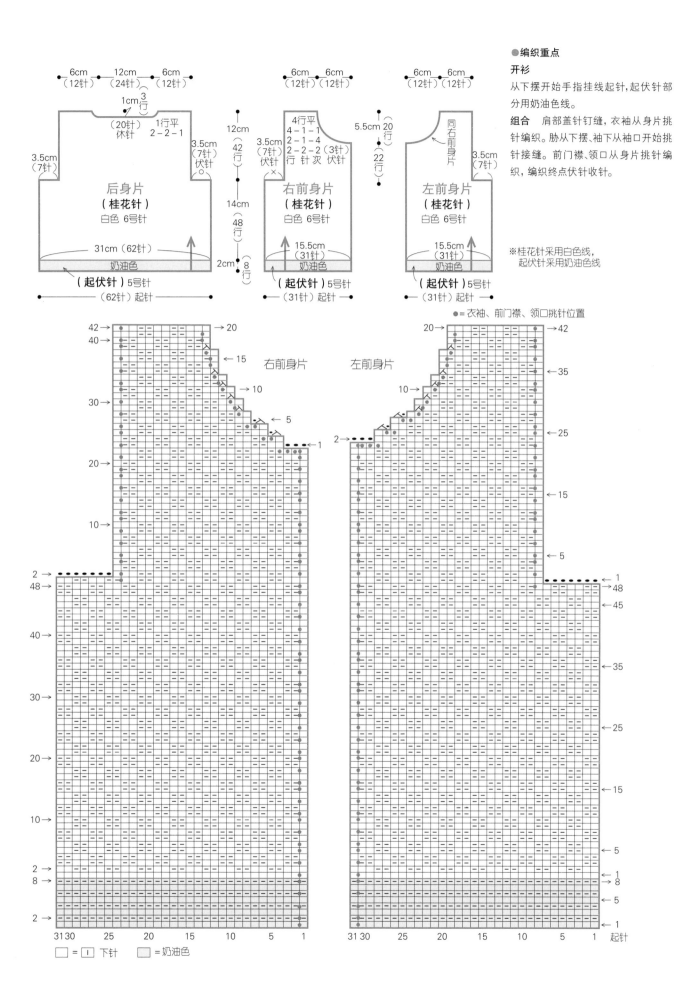

●编织重点

开衫

从下摆开始手指挂线起针,起伏针部分用奶油色线。

组合 肩部盖针钉缝,衣袖从身片挑针编织。胁从下摆、袖下从袖口开始挑针接缝。前门襟、领口从身片挑针编织,编织终点伏针收针。

※桂花针采用白色线,起伏针采用奶油色线

●=衣袖、前门襟、领口挑针位置

右前身片　左前身片

□=|=下针　▨=奶油色

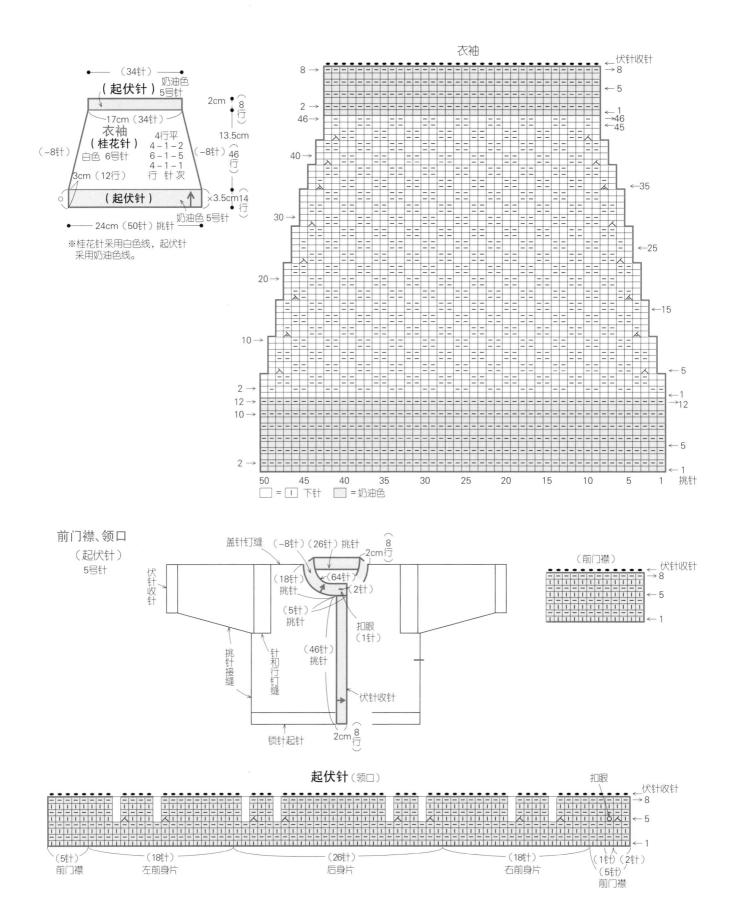

衣袖

（起伏针）
奶油色 5号针

（34针）

17cm（34针）
衣袖
（桂花针）
白色 6号针

4行平
4-1-2
6-1-5
4-1-1
行 针 次

（-8针）

3cm（12行）

（-8针）

（起伏针）

24cm（50针）挑针
奶油色 5号针

2cm｛8行

13.5cm｛46行

3.5cm14行

※桂花针采用白色线，起伏针
采用奶油色线。

□ = | 下针　　▨ =奶油色

前门襟、领口
（起伏针）
5号针

盖针钉缝
（-8针）（26针）挑针

2cm｛8行

（18针）挑针

（64针）

（2针）

伏针收针

挑针接缝

针和行钉缝

（5针）挑针

（46针）挑针

扣眼（1针）

伏针收针

锁针起针

2cm｛8行

（前门襟）

伏针收针

起伏针（领口）

扣眼

伏针收针

（5针）
前门襟

（18针）
左前身片

（26针）
后身片

（18针）
右前身片

（1针）（2针）
（5针）
前门襟

背带裤

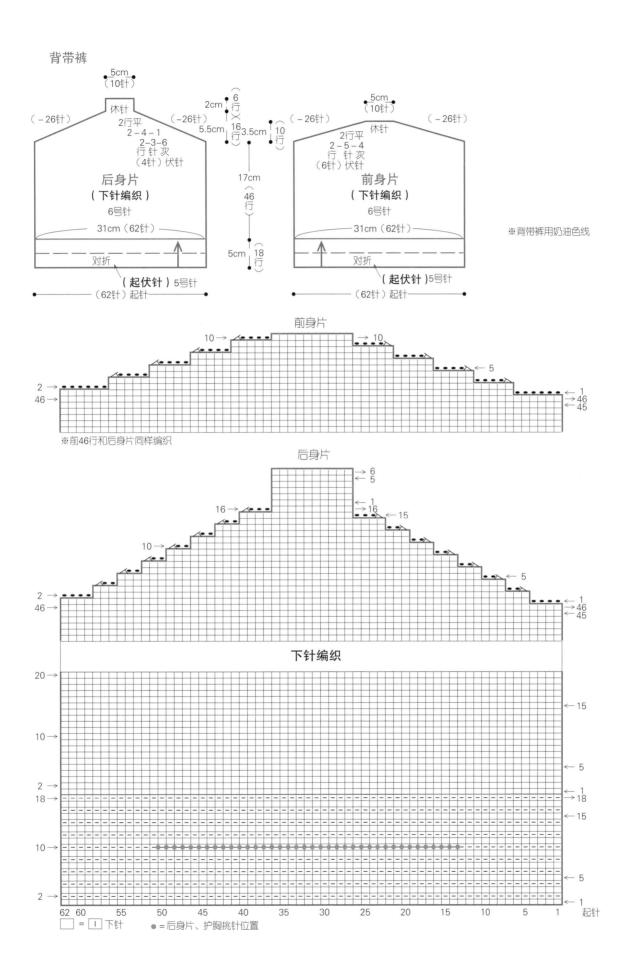

后身片
（下针编织）
6号针

前身片
（下针编织）
6号针

5cm
（10针）

休针
2行平
2-4-1
2-3-6
行 针次
（4针）伏针

（-26针）

2cm
6行
×
16行
5.5cm

17cm
46行

5cm
18行

3.5cm
10行

5cm
（10针）

休针
2行平
2-5-4
行 针次
（6针）伏针

（-26针）

（-26针）

（-26针）

31cm（62针）

31cm（62针）

对折

对折

（起伏针）5号针

（起伏针）5号针

（62针）起针

（62针）起针

※背带裤用奶油色线

前身片

10→

←10

←5

2→
46→

1
→46
45

※前46行和后身片同样编织

后身片

←6
←5

16→

←1
→16 ←15

10→

←5

2→
46→

1
→46
45

下针编织

20→

←15

10→

←5

2→
18→

←1
→18
←15

10→

●后身片、护胸挑针位置

←5

2→

←1

62 60   55   50   45   40   35   30   25   20   15   10   5   1   起针

□ = | 下针   ● = 后身片、护胸挑针位置

91

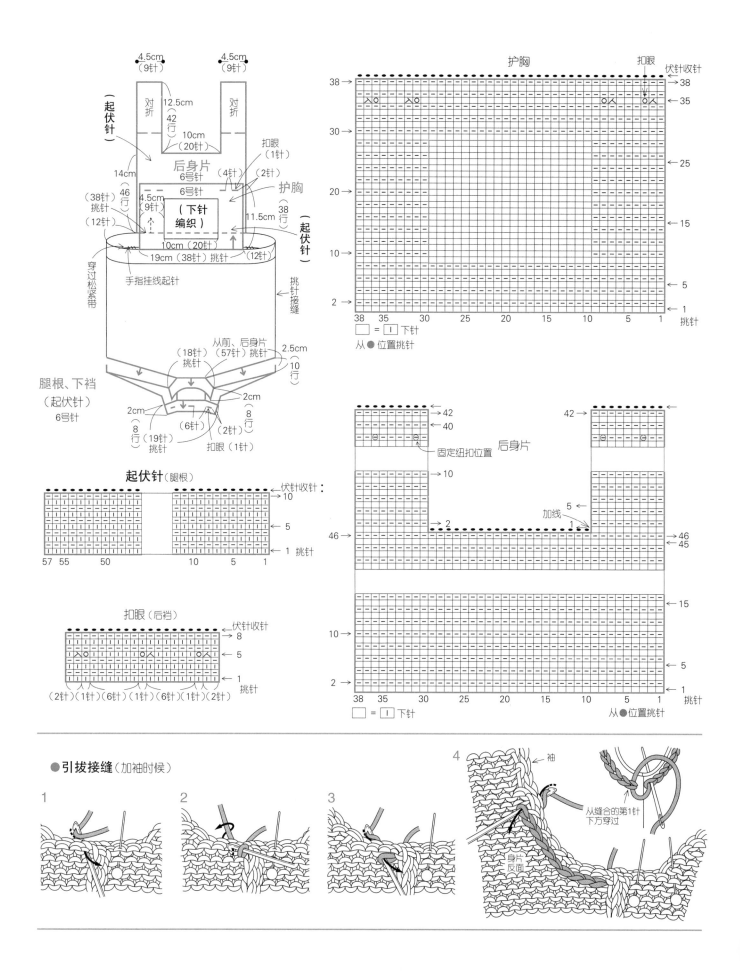

23

6~12个月

31页

● 材料和工具

使用线…和麻纳卡 LOVELY BABY 橙红色（5）
150g／4团，原白色（2）15g／1团

纽扣…最宽处 15mm 心形纽扣 5 颗

针…棒针 6 号、5 号，钩针 5/0 号

● 成品尺寸

胸围 62cm，肩背宽 24cm，衣长 33.5cm，袖
长 23cm

● 密度

10cm×10cm面积内：下针编织、编织花样均
为 21 针，26 行

● 编织重点

后身片、前身片　从下摆开始手指挂线起针，编
织起伏针。袖窿减针，编织终点一边减针一边
伏针收针。育克从减针后的针目中挑针编织。

衣袖　相同要领起针编织。

组合　肩部正面相对对齐引拔钉缝，胁、袖下
挑针接缝。接下来，编织前门襟、衣领。之后
编织下摆、袖口、前门襟的边缘编织。衣领上
做刺绣，衣袖和身片引拔接缝。

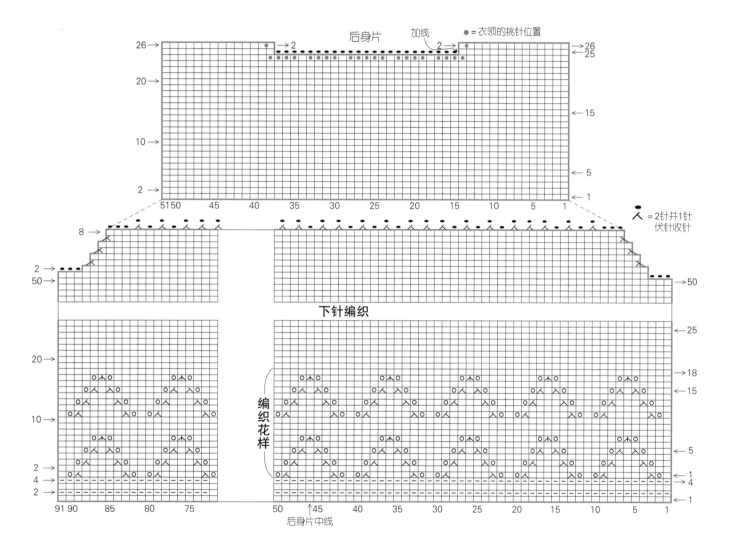

● 雏菊绣

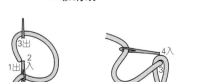

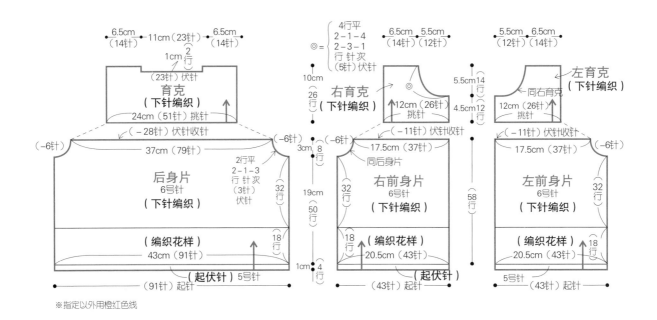

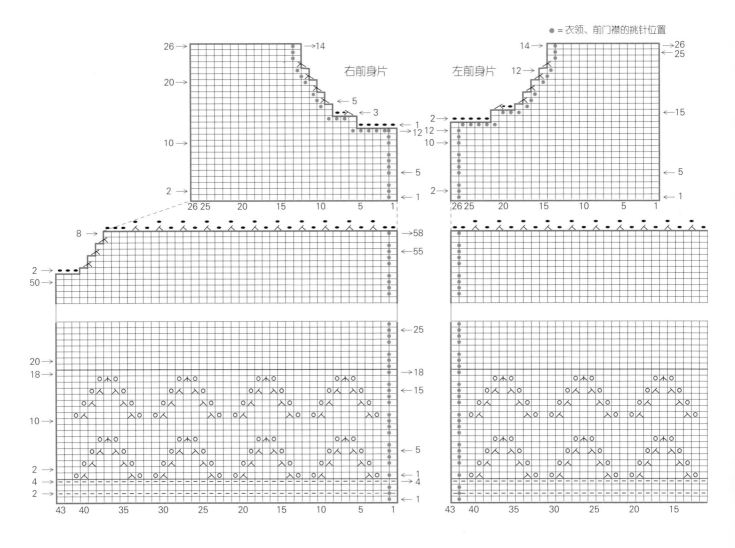

※指定以外用橙红色线

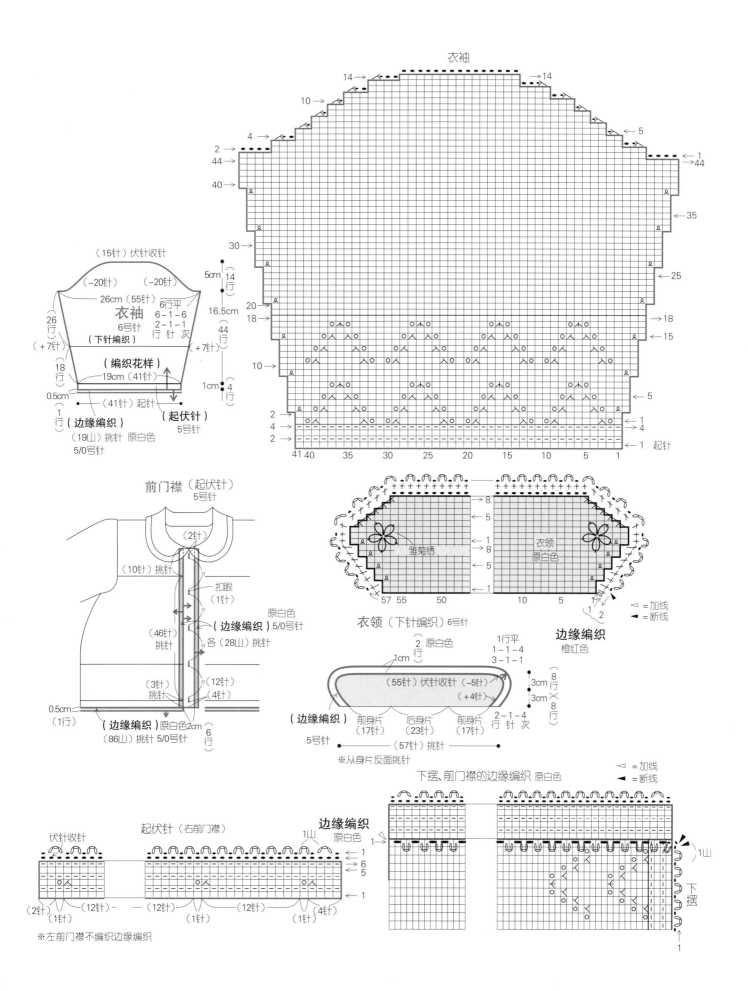

衣袖

14→
10→
4←
2→ 4←
44→
40→
30→
5cm |14 行
26cm（55針）6行平
（−20針） （−20針）
（15針）伏針收針
衣袖
6号針
（下針編織）
26行
（+7針）
18行
（编织花样）
19cm（41針）
0.5cm
（41針）起針
1行
（边缘编织）
（19山）挑針 原白色
5/0号針
44行
18行
（+7針）
16.5cm
（起伏針）
5号針
1cm |4 行
←5
←1
44
←35
←25
←18
←15
←5
←5
2→
4→
2→
→18
→1
→4
→1 起針
41 40   35   30   25   20   15   10   5   1
6-1-6
2-1-1
行 針 次

前门襟（起伏針）
5号針
（2針）
（10針）挑針
扣眼（1針）
原白色
（边缘编织）5/0号針
（46針）挑針
各（28山）挑針
（3針）挑針
（12針）
（4針）
0.5cm（1行）
（边缘编织）原白色2cm
（86山）挑針 5/0号針
6行

衣领（下針編織）6号針
1cm
（2針）原白色
（55針）伏針收針（−5針）
（+4針）
（边缘编织）前身片（17針） 后身片（23針） 前身片（17針）
5号針
（57針）挑針
※从身片反面挑針
1行平
1-1-4
3-1-1
3cm |8行
3cm |8行
2-1-4 行 針 次

雏菊绣
衣领 原白色
8
5
1
8
5
1
57 55   50   10   5
1
2
边缘编织 橙红色
◁ =加线
◀ =断线

下摆、前门襟的边缘编织 原白色
◁ =加线
◀ =断线
1山
下摆
1

边缘编织
1山 原白色

起伏針（右前门襟）
伏針收针
1
6
5
1
（2針）（1針）（12針）（12針）（1針）（12針）（12針）（1針）（4針）
※左前门襟不编织边缘编织

AKACHAN NO OSUMASHI KNIT (NV70208)

Copyright ©NIHON VOGUE-SHA 2013 All rights reserved.

Photographers: NORIAKI MORIYA.TSUNEO YAMASHITA.HIROYUKI NAGUMO.HITOMI TAKAHASHI.

Original Japanese edition published in Japan by NIHON VOGUE CO., LTD.,

Simplified Chinese translation rights arranged with BEIJING BAOKU INTERNATIONAL CULTURAL DEVELOPMENT Co., Ltd.

日本宝库社授权河南科学技术出版社在中国大陆独家出版发行本书中文简体字版本。

著作权合同登记号：图字16—2014—108

图书在版编目（CIP）数据

萌宝宝的舒适服饰编织/日本宝库社编著；徐颖译. —郑州：河南科学技术出版社，2015. 4

ISBN 978-7-5349-7517-2

Ⅰ.①萌… Ⅱ.①日… ②徐… Ⅲ.①童服-绒线-编织-图集 Ⅳ.①TS941.763.1-64

中国版本图书馆CIP数据核字（2015）第032277号

出版发行：河南科学技术出版社

地址：郑州市经五路66号　邮编：450002

电话：（0371）65737028　65788613

网址：www.hnstp.cn

策划编辑：刘　欣

责任编辑：梁　娟

责任校对：耿宝文

封面设计：张　伟

责任印制：张艳芳

印　　刷：北京盛通印刷股份有限公司

经　　销：全国新华书店

幅面尺寸：213 mm×285 mm　印张：6　字数：160千字

版　　次：2015年4月第1版　2015年4月第1次印刷

定　　价：36.00元

如发现印、装质量问题，影响阅读，请与出版社联系并调换。